Karl Ries

Deutsche Flugzeugführerschulen und ihre Maschinen

1919 – 1945

Motor buch Verlag spezial

Einbandgestaltung: Andreas Pflaum

Fotos: Archiv des Verfassers
Zeichnungen: Alice Ries

ISBN 3-613-01227-8

Ein Unternehmen der Paul Pietsch Verlage GmbH + Co.
Spezialausgabe: 1. Auflage 2000

Lektorat: Dr. Harald Böttcher
Druck und Bindung: Fotolito Longo AG, I-39100 Bozen
Printed in Italy

Inhalt

Ausbildung früher Pioniere der Luftfahrt in Halle/Saale. Im Frühjahr 1913 sind Max Trautwein (vorn) und Willi Kern (hinten) auf dem Truppenübungsplatz Halle Fluglehrer auf dem Doppeldecker Lauer II, einem reinen Schulflugzeug mit Argus 55 PS-Motor und Doppelsteuer.

So offen und ins Auge fallend, wie auf dieser Albatros D V, signalisierten militärische Schulflugzeuge der Weimarer Republik und des Dritten Reiches nicht mehr ihren Verwendungszweck und Standort. Elbing war 1918 eine reine Militärfliegerschule für Fortgeschrittene.

Vorwort

Die geschichtliche Aufbereitung des fliegerischen Geschehens während der Zeit des Dritten Reiches hat in den Nachkriegsjahren in einer Unzahl von Publikationen ihren Niederschlag gefunden. Sie bewegt sich dabei in der Thematik von der politischen Motivation der fliegerbegeisterten Jugend, über die Entwicklung der Zivil- und Militärluftfahrt bis hin zu den detaillierten Geschwadergeschichten. Ein wichtiges Feld der Fliegerei wurde jedoch bislang sehr stiefmütterlich behandelt oder gar völlig ausgelassen: Die Organisation und Durchführung der fliegerischen Schulung während dieser politisch sehr umstrittenen Jahre.

Dabei zählen erwiesenermaßen fliegerische Eindrücke, wie der erste Allein- oder Überlandflug, also die erste Fühlungnahme mit dem Element Luft, für jeden, der irgendwann einmal „den Knüppel gerührt hat“, zu den großen, ein Leben lang haftenbleibenden Erlebnissen. Dazu weist die geschichtliche Entwicklung des zivilen und militärischen Ausbildungsbetriebes in der Fliegerei der Jahre 1919-1945 derart eigenwillige, bisweilen verwirrend Pfade auf, daß es einfach notwendig scheint, den Institutionen, die den Werdegang späterer „Himmelsstürmer“ grundlegend bestimmten, ein Buch zu widmen.

Daß diese Aufgabe bis heute noch nicht angepackt wurde, mag darauf zurückzuführen sein, daß den Wegen der einzelnen Schuleinrichtungen rückwärts, bis zu den Ursprüngen aus der Zeit der Weimarer Republik schwer nachzugehen ist, wurde doch bis zur Aufhebung der sogenannten Tarnbestimmungen der Geheimhaltung von seiten des Reichswehr-, später des Reichsluftfahrtministeriums ein verständlicherweise besonderer Stellenwert beigemessen.

Zum anderen ist die Quellenlage zur Erforschung dieses Sachgebietes äußerst dürftig, denn kaum ein Kriegstagebuch solcher Ausbildungsstellen hat das Kriegsende überlebt. Es waren daher in erster Linie persönliche Aufzeichnungen, die eine solche Recherchierarbeit ermöglichten. Erst das Zusammenfügen einer Unzahl von Einzelerkenntnissen konnte den Gesamtüberblick, den diese Publikation bietet, herausarbeiten. Eine vollständige Auflistung der Stellenbesetzungen war einfach nicht möglich, da viele Namen von Kommandeuren, zumal dokumentarisch nur sporadisch erfaßt, aus Schadensmeldungen und Beurteilungen anhand oft recht eigenwilliger Unterschriften zu rekonstruieren waren. Für deren richtige Schreibweise kann deswegen keine Gewähr geboten werden.

Aufgrund der erwähnten Sachlage, die einen breiten Informationsfluß erforderlich machte, bin ich deshalb meinem großen Bekannten- und Kameradenkreis für die gewährte Hilfestellung zu großem Dank verpflichtet. Denn da kramten dankenswerterweise in Mobkisten und Erinnerungen nicht nur „Uhrmacher“, sondern auch die „Herren Fluglehrer“, „Dunstflieger“ und solche die es „fliegerisch zu etwas gebracht haben“! Gleichermaßen habe ich für die Erlaubnis zur Auswertung von Dokumentarmaterial dem Militärarchiv Freiburg und der Deutschen Dienststelle WAST/Berlin sehr zu danken. Der Großteil der Luftbilder wurde mir vom Archiv für neueste Zeitgeschichte, Heinz Leiwig/Mainz, dankenswerterweise zur Verfügung gestellt.

Die Vermutung, daß die Dokumentation „Flugzeugführerschulen“ großes Interess finden würde, hatte sich nach Erscheinen des Buches im Jahre 1988 als richtig erwiesen und besonders nach der Wiedervereinigung Deutschlands eine weitere Auflage – in Form einer preiswerten Spezialausgabe – mit einigen Korrekturen notwendig gemacht. Ich habe diese Richtigstellungen trotz meiner krankheitsbedingten Behinderung vorgenommen, jedoch Ergänzungen von Bildmaterial bewußt abgelehnt.

Mainz, 2000
Karl Ries

1. Waffenstillstand 1918, Friedensvertrag 1919

Nackte Daten und Fakten – für Deutschland der Schlußstrich unter eine stürmische, überwiegend militärische Aufwärtsentwicklung einer neuen Technik – der des Fliegens.
11. November 1918: Waffenstillstand zwischen dem Kaiserlichen Deutschland und seinen Verbündeten mit den Vertretern der Entente nach einem vier Jahre währenden Weltkrieg.
28. Juni 1919: Unterzeichnung des Friedensvertrages im Spiegelsaal des Schlosses von Versailles durch Regierungsvertreter der Siegermächte und des besiegten Deutschen Reiches.
Zwei Ereignisse, die auf Jahre hinaus der Luftfahrt in der Weimarer Republik Verbote und Beschränkungen auferlegten und damit diesem Technikzweig den Anschluß an den Weltstandard verwehrten, ja verwehren sollte. Daß sich im Chaos der Truppenbewegungen zurück in die Garnisonen und Sammelstellen im Reichsgebiet eine nicht geringe Anzahl von Flugzeugen, Flugmotoren und Zubehörteilen unerklärlicherweise wie in Luft auflösten, einfach nicht mehr nachweisbar waren und somit der Beschlagnahme oder Zerstörung entgingen, ist Tatsache und in der einschlägigen Literatur ausgiebig behandelt worden.
Dieses in Scheunen, schwer zugänglichen Werkshallen oder demontiert in Kellern und Schuppen versteckte Fluggerät mußte zwar, um wieder seiner Zweckbestimmung zugeführt zu werden, zu gegebener Zeit offiziell immatrikuliert werden, war aber fürs erste dem Zugriff der Interalliierten Luftfahrt-Überwachungskommission (Ilük) entzogen. Als Fehlbestand meldete diese Kommission Ende 1920 neben 1 337 Flugmotoren auch 1 136 Flugzeuge verschiedener Baumuster. Das Reich galt zwar durch Zahlung von 50 Millionen Reichsmark je 1 000 Flugzeuge und Motore die Minderlieferung ab, über den Verbleib des Materials wollte oder konnte jedoch niemand Auskunft geben.
Von Großtransaktionen abgesehen, wie den Transport von etwa 350 Güterwagen, beladen mit Flugzeugen, Motoren und Betriebseinrichtungen aus den Fokker-Werken Schwerin, nach Holland und dem Verkauf einer Anzahl von Hansa-Brandenburg-Seeflugzeugen nach Schweden, waren es meist einzelne Flugzeuge, die von Interessengruppen oder Einzelpersonen aus den Luftparks zu vorbereiteten Verstecken gebracht wurden und seit diesem Zeitpunkt als verschollen galten.
Es soll nicht Aufgabe dieses Buches sein, die Sperrfristen, Beschränkungen und Auflagen der Flugzeugbauprogramme nach 1919 aufzuführen und aufzuschlüsseln; das Schwergewicht der Publikation gilt vielmehr der Schulung oder aber dem Anlaufen des Ausbildungsbetriebes unter den bestehenden Bedingungen. Hier scheint es geboten, neben der Motorflugausbildung im zivilen und militärischen Sektor, zumindest auch einen Abriß über die Entwicklung der Segelflugbewegung aufzuzeigen, die als erste und frei von Beschränkungen des Versailler Vertragswerkes unmittelbar nach Kriegsende ihren Anfang nahm.

2. Segel- und Motorflugsport in der Weimarer Republik

Waren es vor dem I. Weltkrieg eigentlich nur die Darmstädter Studenten und Gymnasiasten, die auf den Spuren Otto Lilienthals, der Gebrüder Wright, von Chanute und Herring und unter Leitung von Hans Gutermuth den Segelflug weiterentwickelten und dabei seit dem Jahr 1911 die Wasserkuppe bei Gersfeld/Rhön als ideales Fluggelände ausfindig gemacht hatten, so nahm die Segelflugbewegung nach 1919 im gesamten Deutschland einen ungeheueren Aufschwung. Aus der Not der Stunde heraus geboren, trug dieses rein sportliche Segelfliegen wesentlich zur Erhaltung und Förderung des Fluggedankens bei.
Mit Oskar Ursinus/Frankfurt a.M., dem Herausgeber und Redakteur der Fachzeitschrift *Flugsport* als Initiator, sind die erstmals im September 1920 durchgeführten Rhön-Wettbewerbe bis in die 30er Jahre hinein als Katalysator einer weltweit Beachtung findenden Segelflugentwicklung anzusehen. Sie riefen, besonders in den frühen Wettbewerben, nicht nur junges, begeistertes Fliegervolk, sondern auch eine große Zahl ehemaliger Militärpiloten auf den Plan. Sie sorgten für eine rasche Ausweitung des Segelfluggedankens im gesamten Reichsgebiet und Ausland. Es bildeten sich so in den Jahren 1921/22 eine große Zahl örtlicher Flugsportvereinigungen, denen es freigestellt war, ihre Mitgliedschaft in dem seit 1902 bestehenden Deutschen Luftfahrt-Verband e.V. (DLV) zu beantragen. Präsident des DLV war zu dieser Zeit der Staatsminister Alexander Dominicus.
In diesem DLV, mit Sitz in Bremen, wurden in den Folgejahren die Bedingungen zum Erwerb der Segelfliegerqualifikationen A und B und des Segelfliegerabzeichens C erarbeitet. Allerdings dauerte es bis zum Jahr 1928, bevor durch eine regionale Zusammenfassung der einzelnen Vereine in DLV-Landesgruppen eine verwaltungsmäßig einfache und übersichtlichere Führung der Mitgliedsvereine zustande kam.

		Sitz in:
1. Gruppe	Ost	Königsberg/Ostpr.
2. Gruppe	Schlesien	Breslau
3. Gruppe	Oberschlesien	Gleiwitz
4. Gruppe	Pommern	Stettin
5. Gruppe	Brandenburg und Grenzmark	Berlin
6. Gruppe	Nordwest	Münster/Westf.
7. Gruppe	Bayern	München
8. Gruppe	Mitteldeutschland	Weimar
9. Gruppe	Sachsen	Dresden
10. Gruppe	Südwest	Darmstadt
11. Gruppe	West	Essen
12. Gruppe	Württemberg	Stuttgart

Mitgliedsorganisation des DLV war auch der „Aero-Club von Deutschland“, dem außer Aktiven (meist Motorflieger) auch an der Luftfahrt interessierte Förderkreise und Personen angehörten.
Verbandseigene Gleit- und Segelfliegerschulen gab es 1928 in:

Annaberg/Oberschles.	Schwarzenberg/Sachsen
Dörnberg/Kassel	Wangen/Allgäu
Grunau/Riesengebirge	

Die einzelnen Ortsgruppen führten ihren Flugbetrieb auf ortsnahen Segelfluggeländen durch.
Der Motorflugsport hatte in den Jahren der Flugbeschränkungen seine Heimat ausschließlich in privaten Sportfliegerschulen, wie Dietrich-Gobiet/Kassel, Aero-Sport/Warnemünde, Bäumer-Aero/Hamburg-Fuhlsbüttel, Fliegerschule Auffahrt/Münster (Westf.) u.a., sowie in den kleinen Sportfliegergruppen des DLV.
Eine erste Förderung seitens des Reichswehr-Ministeriums (RWM), in Richtung Heranbildung eines

Kaders für eine künftige fliegerische Reichswehr-Komponente, zeichnet sich mit der Gründung der „Sportflug GmbH“ (Leitung Theo Croneiß) im Jahr 1923 ab. Mit Sitz der Gesellschaft in Berlin, führt die „Sportflug“ auf 10 Zweigstellen ihren Schulbetrieb durch:

1. Berlin-Staaken	6. Osnabrück
2. Böblingen	7. Schkeuditz/Leipzig
3. Hannover	8. Schleißheim/München
4. Königsberg/Ostpr.	9. Stettin-Kreckow
5. Leipzig-Mockau	10. Würzburg/Main

Die Absicht des „Luftschutzreferates im Reichswehrministerium“ unter Hptm. Helmuth Wilberg, frühere Militärflugzeugführer in Übung zu halten, konnte unter dem Tarnnamen „Sportflug GmbH“ realisiert werden. Verständlich, daß sich der Stamm der Fluglehrer dieser Ausbildungsstellen aus erfahrenen Weltkriegsfliegern zusammensetzte. Hier nur einige Namen für viele: Leopold Anslinger, Heinrich Benz, Alfred Brocke, Theo Cammann, Gustav Engwer, August Heinzinger, Lenz Lorenz, Hermann Weller. Entsprechend der Beschränkungen und des Flugzeugparks läuft der Flugbetrieb auf Maschinen der A1- und A2-Kategorie ab, wobei auch Zivilpersonen, also keine „Ehemaligen“, für die fliegerische Anfangsschulung angenommen werden.

Die unter Mitwirkung der Reichsmarine 1924 gegründete „Severa GmbH“ (Seeflugzeug-Versuchs-Abteilung), mit Standorten in Kiel-Holtenau und Norderney, dient dagegen nur in zweiter Linie einer Flugzeugführerausbildung. Unter Kptn.z.S. Lahs liegt bei „Severa“ die Hauptaufgabe in Zieldarstellungsflügen für die Fliegerabwehr der Marine, Flügen zur Eiserkundung und Rettungsflügen, wobei sporadisch, gewissermaßen als Nebenprodukt, praxisbezogene See-Beobachterlehrgänge eingeschoben werden.

Eine reine Ausbildungsinstitution tritt dagegen ab 1.4.1925 mit der „Deutschen Verkehrsfliegerschule GmbH“ (DVS) ins Licht der Öffentlichkeit. Mit Lockerung der Begriffsbestimmungen (24.6.1924) durch die Siegermächte, war nunmehr auch die Inbetriebnahme und Zulassung von Flugzeugen der Klassen B2 und C, unter Überwachung durch die Luftfahrt-Garantie-Kommission, auf dem zivilen Sektor gestattet. Sie bot bei geschickter Ausschöpfung aller Möglichkeiten die Gelegenheit, den getarnten Militärflieger-Kader jetzt auch auf schwereren Flugzeugen weiterzubilden. Mit Maj.a.D. Ernst Brandenburg, einem Pour le mérite-Flieger des Weltkrieges und seit 1924 Ministerialdirigent und Leiter des Luftfahrtressorts im Reichsverkehrsministerium, fand die DVS von dieser Seite her die entsprechende Förderung.

Bezuschußt durch das Reichswehrministerium, wird die DVS, mit Hauptsitz in Berlin-Staaken und einer Filiale „See“ in Warnemünde, aufgestellt. Im Jahr 1926 kommt die DVS-Zweigstelle List/Sylt, 1927 eine DVS-Filiale in Schleißheim hinzu. Schließlich wird 1928 die Staakener Zentrale nach Braunschweig verlegt und verbleibt dort bis zur Aufhebung der Tarnmaßnahmen. Sie entwickelt sich dabei kontinuierlich zu einer Fliegerwaffenschule. Im Jahr 1929 stellt sich die DVS in nachstehender Zusammensetzung dar:

DVS GmbH Zentrale und Verwaltung:
- Berlin-Staaken
- Zweigstelle Braunschweig:
  - Flug- u. Ausbildungsleiter: Maj. Alfred Keller
  - Fluglehrer: Walter Fruhner, Frommherz, Ulrich Neckel, Fritz Morzik, Hermann Steindorf, P. Stutz.
- Zweigstelle Warnemünde:
  - Leiter: Korv.Kptn.a.D. Konrad Goltz
  - Fluglehrer: Festner, Förster, Gerhard Nitschke
- Zweigstelle Schleißheim:
  - Leiter: Vierling
  - Fluglehrer: v.Beaulieu, ‚Pepi‘ Deutsch, Otto Fruhner, Rudolf Schonger, Stein, Willi Stöhr, Lenz Lorenz
- Zweigstelle List/Sylt:
  - Leiter: Kptnlt.a.D. Heinz Scheurlen
  - Fluglehrer: Walter Diele, H. Loll

Als Ausbildungsziele sind gesteckt:
1. Schleißheim:
   Anfänger- und Fortgeschrittenenschulung bis Qualifikation B1/Land
2. Braunschweig:
   Fortgeschrittenenschulung bis C2, einschließlich Ausbildung von Bordfunkermaschinisten und Flugzeugwarten (damaliger Sprachgebrauch).

3. Warnemünde und List:
   Programme wie in Schleißheim und Braunschweig, jedoch auf Seeflugzeuge bezogen.

Die Unterteilung des damaligen Schülerkreises in „Jungmärker“ und „Altmärker“ soll hier nur erwähnt werden, fand auch nur intern Verwendung. Der Begriff „Jungmärker“ bezeichnet einen Offiziersanwärter, der vor Eintritt in seinen Stammtruppenteil des Heeres (eine Luftwaffe gab es ja zu dieser Zeit noch nicht) eine fliegerische Ausbildung absolviert. Der „Altmärker“ dagegen ist ein Offizier, der bereits im Weltkrieg seinen Flugzeugführerschein erworben, oder aber während seiner Dienstzeit bei der Reichswehr privat geschult hatte, also jetzt nur noch um- oder weiterzuschulen ist.
Die gleichen Begriffe finden für die Lehrgangsteilnehmer der „Sportflug GmbH“ Anwendung. Diese Institution wird am 21.5.1926 aufgelöst. Die Aufgabenstellung geht dabei an die im Frühjahr 1927 neugegründete „Deutsche Luftfahrt GmbH“ (Leitung Maj.a.D. Leo Leonhardy) über. Der erste Lehrgang bei der Luftfahrt GmbH läuft am 1.4.1927 bei den drei Zweigstellen Berlin-Staaken, Böblingen und Würzburg an. Hier beschränkt sich der Ausbildungsrahmen auf die A1-, A2- und B1-Schulung. Daneben steht das Inübunghalten bereits ausgebildeter Flugzeugführer in jährlichen Kursen obenan.

Eine bereits seit Juni 1925 in Betrieb genommene „Fliegerschule Stahr“, in Lipezk/Rußland, sei hier nur erwähnt; sie fällt als reine Fliegerwaffenschule aus dem Rahmen dieser Publikation.
Die Strukturen des Ausbildungsbetriebes im Segelflug, der ausschließlichen Sportfliegerei im DLV, sowie der getarnten Reichswehrschulung bei den paramilitärischen Filialen der DVS und Deutschen Luftfahrt GmbH bleiben in der vorstehenden Form bis zum Regierungswechsel im Januar 1933 bestehen.
Lediglich die DVS-Zweigstelle Braunschweig hat seit Mitte 1931 als Fliegerschule (N) der DVS die Funktion einer geheimen Fliegerwaffenschule übernommen. Das war erforderlich, weil die Aufklärer-, Kampfflieger-, Beobachter- und Fliegerschützenschulung aus dem Ausbildungsprogramm des Flugzentrums Lipezk herausgenommen und nach Braunschweig umgeschichtet worden war.

Mit

8	Schulflugzeugen für Fortgeschrittene
16	Aufklärungsflugzeugen
8	Bombenflugzeugen
12	Jagdzweisitzern
12	Jagdeinsitzern
56	Flugzeugen insgesamt,

ist die Zweckbestimmung der Braunschweiger Schule klar auszumachen.

15. 6. 1927

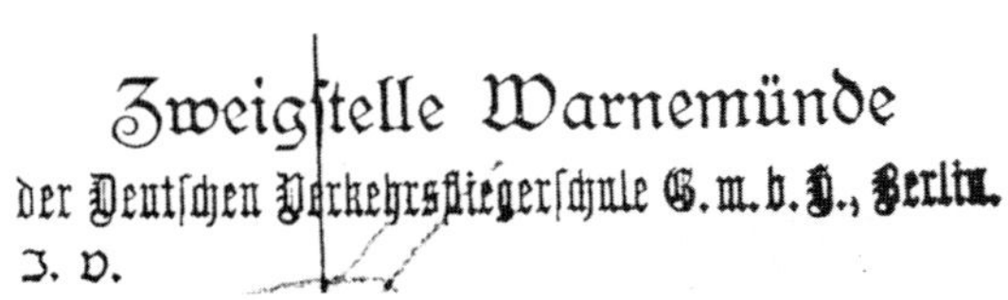

21. 2. 1933

19. 12. 1934

16. 8. 1925

Bei Kriegsende, November 1918, begannen interessierte Kreise, modernes Fluggerät, wie diesen Hansa-Brandenburg W 32-Seeaufklärer, an sichere Orte zu bringen, und somit den Kontroll- und Auslieferungsorganen der Alliierten zu entziehen. Die Hansa-Brandenburgischen Flugzeugwerke produzierten in Briest/Havel, zeitweise auch in Hamburg. Eine ganze Reihe ihrer Schwimmerflugzeuge tat in den 20er Jahren bei den Marine-Luftstreitkräften in Norwegen und Holland Dienst.

Neben den DLV-Orts- und Landesgruppen, den „Akademischen Fliegergruppen", dem „Ring Deutscher Flieger", der „Fliegergruppe des Akademischen Turnerbundes" und der „Akademischen Fliegerabteilung der Burschenschaften" hatte sich im April 1929 nach der programmatischen Erklärung „für eine durchgreifende Demokratisierung des deutschen Flugwesens, der aktiven Verwendung der deutschen Luftfahrt als Instrument der Völkerverständigung und die Solidarität über die Landesgrenzen hinaus" zu kämpfen, der Flugverband der Werktätigen e.V. „Sturmvogel" gegründet. Unter seinem 1. Vorsitzenden, Walther Binder, betreibt der Verband Modell-, Segel- und Motorflugsport, führt Werbekundgebungen und Flugtage durch und verfügt über 9 Motor- und 40 Segelflugzeuge. Gewerkschaften und die Sozialdemokratische Partei Deutschlands fördern die Ziele des „Sturmvogel". Eine nach eigener Einschätzung „proletarische Segelfliegerbewegung" entstand seit April 1931 mit den Segelflug-Sektionen innerhalb der „Kampfgemeinschaft für rote Sporteinheit". Zusammen mit dem „Sturmvogel" wird dieser Sportverband im März 1933 im Zuge nationalsozialistischer Gleichschaltungsaktionen aufgelöst. In der im Jahr 1952 in der DDR gegründeten „Gesellschaft für Sport und Technik" findet die Tradition dieser Arbeiter-Sportflugbewegung ihre Fortführung.

An der Einmündung der Warnow in die Ostsee die beiden Flugfelder von Warnemünde. Der „alte Platz", am Breitling rechts oben, existierte seit 1914 als Marine-Flugstation und blieb bis Kriegsende in Betrieb. Der „neue Platz", oft auch als Arado-Platz bezeichnet, war bis 1933 reiner Werkflughafen der Arado-GmbH, ging danach an den Fiskus über.

Dieses Friedrichshafen FF.49-Schwimmerflugzeug hat Kriegsende und Beschlagnahmung überstanden und taucht 1923 bei der Deutschen Luftreederei und dem Deutschen Aero-Lloyd als D 45 wieder auf.

Völlig legal. Mit Registrierung des Freistaates Danzig bleiben einige ehemalige Kriegsflugzeuge, hier eine Rumpler C I, dem Zugriff der ILÜK entzogen, und damit einer späteren Eingliederung in den Schulbetrieb erhalten.

Eine andere Verwendung von Militärmaschinen bietet sich den frühen Luftverkehrsgesellschaften, indem durch Um- und Kabinenaufbauten ein neuer Verwendungszweck vorgegeben wird. Eine zur P I umfunktionierte LVG C VI mit 200 PS Benz IV-Motor.

Der Hüffer-Flugzeugbau baut in den 20er Jahren eine kleine Zahl von DLFW B I Schul- und Sportflugzeugen. Der Konstruktion liegen die Baudaten der LVG B III aus dem Jahr 1917 zugrunde.

Im Vordergrund eine DLFW B I (D 448) des Luftfahrtverein Essen bei einem Flugtag 1926. Im Hintergrund Schulflugzeuge von Raab-Katzenstein und Dietrich-Gobiet.

Ein langes Leben als Schul- und Demonstrationsobjekt ist dieser Halberstadt CLS I, einem Schlachtflugzeug des I. Weltkrieges, beschieden. Der Veteran wird noch 1938 bei Flugtagen vorgeführt.

Nicht von den Auflagen im Versailler Vertrag betroffen ist der Segelflug, als Faktor zur Erhaltung und Förderung des allgemeinen Flugwesens nicht zu unterschätzen. Besonders die Rhön-Wettbewerbe verhelfen dem motorlosen Flug zu weltweiter Anerkennung. Gummiseilstart des EE 6 „Fuchsmajor" (Entwurf Ksoll) der Akademischen Fliegerschaft Breslau „Marcho Silesia" bei der 1927er Rhön.

Als Väter aller künftigen Gitterrumpf-Schulgleiter haben die „Rhön-Indianer" Lippisch, Martens und Stamer zu gelten. Hier wird die Martens-Konstruktion „Pegasus" (mit Boot) beim Rhönwettbewerb 1926 in die Luft gebracht.

Oben links: Eine starke Segelflug-Sektion stellte in den 20er Jahren die Deutsche Hochschule für Leibesübungen/Berlin. In den Gatower Bergen, einer Hügellandschaft im Westen Berlins, bringen Segelfliegerinnen einen „Stahlrohr-Zögling“ (Konstr. Stamer-Lippisch) zum Startplatz zurück.

Oben rechts: Der Rumpf-Hochdecker RRG „Prüfling“ wird als relativ teures Segelflugzeug verständlicherweise nur zur Fortgeschrittenen-Schulung verwendet, Wasserkuppe 1927.

Unten: Oskar Ursinus († 1952), der Initiator und Wegbereiter der deutschen Segelflugbewegung fehlte bei keiner Rhön-Veranstaltung. Mit seinem Markenzeichen, dem Rhönvater-Hut vor dem „Schlafwagen“, einer bereits 1921 erstellten Barackenzeile. Wasserkuppe 1934.

Eine nur in wenigen Exemplaren gebaute Konstruktion, die „Fromme Helene“, allgemein als RSG (=Rumpf-Schulmaschine Grunau) bekannt. Mit ungebrochener Begeisterung bringt hier die Rückholmannschaft eine RSG wieder zum Starthang Dörnberg b/Kassel zurück, Juli 1933.

Ein Martens „Moritz“ wird 1927 von dem Pechvogel Hoppe in einem Böschungsgraben bei Gersfeld/Rhön sachgemäß in seine Einzelteile zerlegt. Auch gefuchste Segelflieger blieben, wenn sie erst einmal „abgesoffen“ waren, von solchem Anfänger-Pech nicht verschont.

Eine bauwütige Gruppierung sind die „Mainzer Segelflieger". Im Hof der alten Bauhof-Kaserne präsentieren sich hier: vorn der Zweisitzer „Meenzer Bub", eine Eigenkonstruktion, dahinter ein Schleicher „Anfänger", weiter ein offener „Zögling", RRG „Prüfling" und links eine Schleicher „Mannheim". Mainz, September 1932.

Der „Meenzer Bub" als Einsitzer bei der Rhön 1928, geflogen von Fred Heid. Die Mainzer mußten damals ihre Utensilien zusammenpacken und nach Hause fahren. Grund: Mißachtung der Wettbewerbsbestimmungen. Wegen unangemeldeter Starts wurde ihnen ein strenger Verweis erteilt.

Aktivitäten 1924 in der Albatros-Halle 6, Berlin-Johannisthal. Neben Umbauten von Albatros B II-Weltkriegsflugzeugen vorn Mitte eine L 59, dahinter die L 60 (D 314) und hinten aufgebockt das Verkehrsflugzeug L 58. Wenige der bis 1918 mit Großaufträgen überhäuften Fugzeugwerke überstanden die Krisenjahre bis etwa 1927; sie müssen zum Teil auf andere Fabrikationszweige ausweichen.

Ein frühes Schulflugzeug (1924) mit Doppelsteuer und einem mageren 30 PS Haacke-Motor, die Albatros L 66. Die von der Entente festgeschriebenen Begriffsbestimmungen gestatten nur solche von Flugsicherheit und Leistung her unzulänglichen Flugzeugklassen.

Bruchlandung des Flugzeugführers Hartmann der DVL Berlin-Adlershof mit einer Albatros L 68. Mit der L 68-Reihe gehen seit 1926 die ersten Schulflugzeuge mit Triebwerken über 100 PS an die privaten und geförderten Flugzeugfüherschulen.

Bemühungen der Flugzeugwerke Dietrich-Gobiet, Kassel, mit ihrer kunstflugtauglichen DP II bei der Erlangung von Regierungsaufträgen in die Phalanx von Albatros, Arado und Raab-Katzenstein einzubrechen, mißglückten. Die stabilen und leistungsfähigen Doppeldecker finden dagegen vermehrt Abnehmer, wie private Fliegerschulen und größere Konzerne. Die DP IIa (D 513) auf einem Flugtag in Eisenach; 3. Oktober 1926 mit Flugzeugführer Hühnreich.

Eigentümer einer DP IIa (D 572) ist auch die SKI-Korsettfabrik Lobbenberg & Blumenau in Köln und Berlin. Mit weißer Werbebeschriftung auf rotem Bespannstoff zieht das Flugzeug auf allen Flugtagen die Aufmerksamkeit des Publikums auf sich.

Bis zur Aufnahme seiner Tätigkeit als Fluglehrer bei DLV-Schulen und DVS hält sich der excellente Kunstflieger Robert „Bobby“ Weichel (links) mit Reklameflügen und seiner Kunstflugstaffel Weichel schlecht und recht über Wasser. Aufnahme vom August 1926 mit seinem langjährigen Monteur Max Jung vor der Dietrich DP IIa (D 514) in Staaken.

Auch die zweisitzige, in Gemischtbauweise hergestellte DP VIIa verhilft dem Konstrukteur Dietrich nicht zum Durchbruch. Trotz guter Flugeigenschaften gehen die Aufträge für Schulflugzeuge weiter die eingelaufenen Pfade in Richtung Albatros, Arado und Raka.

Als verbeserte Dietrich DP VIIA wird 1926 die DP IX mit gleichem Triebwerk (Sh 4, 62 PS), jedoch Tragfläche in Sperrholzbeplankung angeboten. Nach weiteren Fehlschlägen schließen sich 1928 die Werktore bei Dietrich.

Ein ähnliches Los ist dem Stahlwerk Mark, Breslau, beschieden. Im Trend der Jahre, Schul- und Leichtflugzeuge zu entwerfen, bleibt der Doppeldecker MS IIb (Baujahr 1925) ein finanzieller Reinfall.

Schon zuvor läuft der von Walter Rieseler entworfene und bei Mark gebaute R III-Einsitzer nur in sehr kleiner Serie aus der Breslauer Halle. Das Flugzeug mit einem 20 PS Haacke-Motor wird ausschließlich von Privatpersonen gekauft.

Geringfügige aerodynamische Veränderungen und ein Anzani von 45 PS zeichnen die Weiterentwicklung R IIIa aus. Nach einigen spektakulären Flügen von Antonius Raab und Wettbewerbs-Teilnahmen verschwindet das Baumuster von der Bildfläche.

Gewußt wie! Mit dieser auf ein Hallendach in Staaken augenfällig montierten Raab-Katzenstein RK IIa wirbt die Fliegerschule Bornemann 1927 um betuchte Flugschüler. Um etwas in die Kasse zu kriegen, mußte man sich schon etwas einfallen lassen.

Karl Assmann (vorn, in Mantel) rechnet als Hauptgesellschafter des Luftdienst Mittelrhein mit zahlungskräftigen Wiesbadener Kurgästen. Die Rechnung geht auf. Mit seiner Raka Kl Ib (D 1516) schaukelt er 1929/30 von Wiesbaden-Erbenheim aus seine Kundschaft bei „Lustflügen" über dem Rhein-Main-Gebiet.

Die Werbeaufschrift der „Leipziger Neuen Nachrichten" auf dieser Raka RK 26a (D 1655) erleichtert dem Aero Express Leipzig die Unterhaltung ihres Flugzeugparks. Leipzig-Mockau, 1930.

Die Sportflug GmbH scheidet beim Sportlehrgang Stettin-Krekow die Spreu vom Weizen. Die Anwärterschaft auf eine Ausbildung zum Flugzeugführer setzt ein gutes Abschneiden bei den Sportprüfungen voraus. Vorn links Sportlehrer Schultz, rechts Flugschüler Friedrich-Karl Knust (LG 1, RK). Krekow, Frühjahr 1925.

Das Zeichen der Sportflug GmbH wird ab 1927 von der Deutschen Luftfahrt GmbH mit neuer Umschrift „Deutsche Luftfahrt" übernommen.

Mit der Arado S Ia legt Arado 1925 den Grundstock für eine Reihe hervorragender Schulflugzeuge, von denen die Sportflug GmbH, Deutsche Luftfahrt GmbH und DVS Großserien abnehmen. Die D 817 bei der DVL in Adlershof, Februar 1928.

Drei Fluglehrer aus der Frühzeit der paramilitärischen Flugzeugführer-Ausbildung. Leopold „Poldi“ Anslinger, hier als Flugzeugführer der Feldflieger-Abteilung 54, 1916 in den Karpathen. Das Flugzeug ist eine Fokker A II, A 206/14.

Links: Otto Fruhner als Lehrer bei der Sportflug GmbH, Mai 1926. Fruhner wird ab 1939 als Kommandeur der Fluglehrerschule Brandenburg-Briest eine luftwaffenweit bekannte Persönlichkeit werden.

Rechts: Ein anderer Instrukteur der ersten Stunde, Josef „Pepi“ Deutsch, hier bei der DVS Warnemünde, November 1927. Deutsch führt im Zweiten Weltkrieg als Kommandeur zeitweise die Flugzeugführerschule (C) 14.

Flugbetrieb 1927 bei der Sportflug GmbH Böblingen. Die Wimpel an der unteren Tragfläche der Heinkel HD 21 (D 732) signalisieren: Vorsicht, alleinfliegender Schüler! Flugdichte und Unfallhäufigkeit auf den kleinen Schulplätzen lassen solche Kennzeichnungen geboten scheinen.

Heinkel steht seit 1925 in der Konkurrenz der Schulflugzeugkonstrukteure mit seinen robusten Doppeldeckern ganz vorne. Die HD 32, hier mit 7-Zylinder Sh 11-Triebwerk bei der Deutschen Luftfahrt GmbH Staaken.

Obgleich von der Auslegung her als das ideale Schulflugzeug anzusehen – Schüler und Lehrer sitzen nebeneinander – bleibt die FW S Ia ein nur kurzlebiges Baumuster; Triebwerksleistung und Flugeigenschaften lassen zu wünschen übrig. Betanken der D 966 im August 1926 bei der Sportflug GmbH Staaken.

Von den Teilnehmern der frühen Schulungslehrgänge werden technische und handwerkliche Kenntnisse zur Behebung einfacher Motorstörungen gefordert. Flugschüler der Sportflug GmbH Staaken, Horst von Baumbach, rückt dem BMW IV einer SC I zu Leibe.

Die versuchte Notlandung auf einer Waldlichtung bei Beelitz/südl. Potsdam ist dem Flugschüler Heinz Simon, mit Begleiter Stenholt, mißglückt. Bei einem Überlandflug von Dessau nach Staaken, am 12.8.1926, zwingt ein Motoraussetzer bei der FW S Ia (D 866) zu diesem Notlandemanöver.

Heinz Simon findet nach Ausbildung bei der Sportflug GmbH und DVS eine Anstellung als Erprobungsflieger bei der Erprobungsstelle des RdL. Travemünde; hier in einer HE 9a (D 1617) bei einem Meßflug, Mai 1932.

Flugschüler der Deutschen Luftfahrt GmbH Würzburg, Franz Xaver Ottinger, mit einem Schulflugzeug BFW M 23b, im Jahr 1931.

Bei den süddeutschen Zweigstellen der Luftfahrt GmbH kommen Klemm-(Daimler)-Flugzeuge vermehrt in Betrieb. Eine L 20 BI mit Daimler F 7502-Triebwerk, und wegen des typischen Motorgeräusches „Schnattergans“ genannt, bei der Zweigstelle Böblingen, März 1928.

Eine „Schnattergans“, Werk-Nr. 81 und unter Klemm/Sindelfingen registriert, gerät hier bei einer Außenlandung in eine Obstplantage, 1928.

Weiterentwicklung der L 20, die Klemm L 25 Ia mit Salmson AD 9-Motor. Die D 1583, W.Nr. 127, fliegt 1932 bei der Luftfahrt GmbH in Fürth und zeigt die typischen Leitwerkstreifen dieser Ausbildungs-Zentren.

Auch das Baumuster Albatros L 82 ist beim Flugzeugpark der Luftfahrt GmbH anzutreffen. D-1946, eine Albatros L 82c, W. Nr. 10 175, Mitte 1932 auf dem Gelände der Zweigstelle Fürth.

In Unterkünften und Gemeinschaftsräumen der Fliegerschulen mahnen Anschlagstafeln dieser Art die „Häs'chen" an die Gefahren sorglosen, unkonzentrierten Fliegens.

Mit der Messerschmitt-Konstruktion M 21 können die BFW (Bayerische Flugzeug-Werke) bei den Schulflugzeug-Vergabegremien nicht ins Geschäft kommen. M 21a kurz vor der Abgabe an die DVS als Erprobungsflugzeug, 1928.

Links: Signet der Deutschen Verkehrsfliegerschule GmbH (DVS).

Ministerialdirigent beim Reichsverkehrsministerium, Ernst Brandenburg, ein Pourle-mérite-Träger des Ersten Weltkrieges. Er steht dem Ressort „Luftfahrt“ vor.

Unten: Vor einem Verkehrsflugzeug Fokker F II der DVS Staaken der Flugschüler Hans Fritz, im Jahre 1927. Als Flugkapitän der Lufthansa befliegt Fritz in den 30er Jahren überwiegend Mittelmeer-Strecken.

Mit zum Flugzeugpark der DVS zählen auch veraltete Fokker-Grulich F III-Verkehrsmaschinen. Die Aufnahme zeigt eine vom Deutschen Aero Lloyd übernommene F III vor Überholung und Umbau 1925 in Staaken.

Für Übungsflüge, Kunstflug, Kleinorientierung verfügt die DVS über eine Reihe von Udet (BFW)-Doppeldeckern U 12. „Fahrstuhl-Landung" der U 12a, D-1075 in Staaken, September 1927.

Blick in die DVS-Halle in Staaken, August 1927. Neben Junkers A 20 und A 35 ist auch eine FW S Ia und am Hallentor eine Heinkel HD 22 auszumachen.

Beim Anschweben prallt die Alb. L 68a, D 1029 in eine abgestellte Dornier B „Merkur“ (D 774), März 1927, DVS Staaken.

Junkers F 13 der Deutschen Versuchsanstalt für Luftfahrt, mit einem BMW IV, vor Abgabe an die Deutsche Verkehrsfliegerschule. Dort wird 1930 der BMW durch ein Junkers L5-Triebwerk ersetzt.

Ein klassisches Flieger-denkmal! Am 4. Juli 1927 bringt der Flugschüler v. Baumbach die Ar. SC I, D-1015 durch Rollen in ein weiches Rasenstück zum abrupten Stillstand. DVS Staaken.

Der „Flieger von Tsingtau“, Gunther Plüschow, hat bei Prüfungsflügen zur Schein-Erneuerung die AR. SC I, D-1021 mit Grandezza zu einem Überschlag animiert, man sagte, eine „Damenlandung“ fabriziert. DVS Staaken, Sommer 1927.

Mit Großflugzeugen, wie dieser Junkers G 24 (D 915), läuft die Ausbildung bei den DVS-Zweigstellen aus. Danach erfolgt Übernahme in den kleinen Kreis der DLH-Piloten oder militärische Weiterbildung auf getarnten Waffenschulen.

Zweigstelle Schleißheim der DVS um 1930. Der Blick geht auf die Werfthalle mit Sendemast und Bogen-Durchfahrt in der nördlichen Platzecke.

Luftbild der Schleißheimer Anlage bei Kriegsende. Zahlreiche Bombentrichter verdeutlichen die Anstrengungen des alliierten Bomber-Kommandos, Schleißheim als einen der letzten Nachtjagd-Stützpunkte der Luftwaffe auszuschalten. Die befestigte Startbahn in West-Ost-Richtung ist eine Baumaßnahme der Jahre 1942/43. Auf dem Hallenvorfeld und im benachbarten Ackergelände ist eine Anzahl abgestellter und zerstörter Nachtjagdflugzeuge Ju 88 auszumachen.

Als reine A/B-Schule dominieren bis Mitte der 30er Jahre auf dem Schleißheimer Fluggelände leichte und mittlere Schulflugzeuge. Anfängerschulung erfolgt auf U 12 „Flamingo“. Hier U 12a, D-1401 mit weit vorgebautem Sh 11 und Auspuff-Sammlerring, im Dezember 1928. Am Leitwerk die DVS-Horizontalstreifen in gelb und dunkelblau.

Für Ausbildungsflüge während der Wintermonate wird bisweilen das Radfahrwerk gegen Schneekufen ausgewechselt. U 12a beim Anwerfen von Hand, Schleißheim 1931. Bis zum Anlaufen der Fw 44- und He 72-Baureihen bleibt der „Flamingo“ als Standard A2-Schulflugzeug bei den Schulen.

Als Parallel-Entwicklung zur U 12 baut Messerschmitt (BFW) 1927 seinen M 1 „Sperber“, mit Sh 12, 125 PS. Als Unikat D-1315 übernimmt die DVS Schleißheim die Maschine, gibt sie allerdings bereits 1928 an einen prominenten Sportflieger wieder ab.

Als eines der letzten Albatros-Baumuster taucht die L 102 ab 1931 vermehrt bei den Flugzeugführerschulen auf. Mit einem As 10c von 240 PS relativ starkmotorig, lassen jedoch die Flugleistungen zu wünschen übrig. Obgleich von Focke-Wulf seit 1932 in kleiner Serie weitergebaut, zählt die L 102 nicht zu den klassischen Schulflugzeugen. Hier die D-2291, W. Nr. 123/FW, bei der DVS Schleißheim 1932.

Ein ähnliches Schicksal ist der Heinkel HD 63 beschieden. Sie kann mit den einfacher konzipierten Schul-Doppeldeckern der neuen Generation nicht konkurrieren. D-2219, W. Nr. 401, im August 1932 als Schulmaschine der DVS.

Schwimmerversion des Schulflugzeuges HD 63, von der nur ein Exemplar gebaut und 1931 bei der Erprobungsstelle Travemünde vorgeflogen wird. Heinkel bleibt trotzdem mit der im gleichen Jahr angebotenen He 42 führend auf dem Gebiet Schulflugzeuge (See).

Als B2-Schulmaschine führt die F 13 die lange Reihe von Junkers-Schulflugzeugen dieser Kategorie an. Von der Lufthansa abgegebene Exemplare werden den DVS-Zweigstellen zugewiesen. Hier Junkers F 13ke, D-2315 „Königsmilan“, mit Ju L5 bei der Würzburger DVS-Filiale, 1932.

Schon während der Bauvorbereitungen von einem Klein-Verkehrsflugzeug zum Schulflugzeug umkonzipiert, bemühen sich die Focke-Wulf-Flugzeugwerke, ihre GL 18 der DVS schmackhaft zu machen – mit Erfolg. Mit dem Kosenamen „Drache“ belegt, und entsprechend bemalt, zählt die GL 18c, D-1097, zum Park der DVS Schleißheim. Aufnahme August 1928 in Frankfurt-Rebstock.

Der größere Bruder der F 13, das Frachtflugzeug W 33, stellt das Zwischenglied vom B2-zum C-Flugzeug dar. D-1732, eine W 33d mit L5 und noch offenem Führerraum; seit 1929 bei der DVS Schleißheim.

Bei der Braunschweiger DVS-Zweigstelle werden die Flugschüler auf der Do B „Merkur" für den Umstieg auf mehrmotorige Flugzeuge vorbereitet. D 973, W. Nr. 99, beim Motor-Probelauf in einer Platzecke des Fluggeländes Braunschweig-Broitzem, Mai 1929.

Umbau der Ju G 24 „Pluto" auf 3 x Ju L5-Triebwerke in der Werft von Staaken, März 1930. Vor Eingliederung in den DVS-Bestand flog die D 879 unter der schwedischen Zulassung S-AAAU bei der Europa-Union, danach bei der Deutschen Lufthansa.

Vorschriftsmäßig gekennzeichnetes Flugzeug für Blindflugausbildung bei der DVS-Zweigstelle Braunschweig. Die Fw A 17a führt die beiden gemäß Anordnung vom November 1932 vorgeschriebenen ziegelroten (später gelben) Rumpfringe.

Die Zivilversion des Stuka-Vorläufers K 47 wird mit der Typenbezeichnung A 48 in den frühen 30er Jahren bei den diversen Fliegerschulen vorgeflogen. D-1057, eine A 48fi mit einfachem Seitenleitwerk und Doppelsteuer beim Überfliegen der Halle in Warnemünde.

Im Auftrag des Reichswehrministeriums wird eine Koolhoven FK 33 versuchsweise an den Tragflächenunterseiten mit Siemens-Lautsprechern ausgerüstet und getestet. Verwendungszweck unbekannt. Fahrwerkschaden bei der Landung in Bremen-Neulanderfeld.

See-Version des Heinkel HD 24-Schulflugzeuges beim Seeflug-Wettbewerb 1926 in Warnemünde. Die dortige DVS-Zweigstelle ist aus Gründen der Wartung daran interessiert, anstelle der anfänglichen Typenvielfalt Standard-Schulflugzeuge der einzelnen Klassen aus dem Angebot der Industrie herauszufiltern.

Für das Schwimmerflugzeug He 42 erhalten die Heinkel-Flugzeugwerke einen Großserien-Auftrag mit Anlauftermin 1932. Alle Versionen des Baumusters sind mit dem bewährten Ju L5 ausgerüstet. Hier die D-2033 bei der DVS Warnemünde, Februar 1934.

Arado liefert in den Jahren 1928/29 einige zweimotorige W II zur Ausbildung von Fortgeschrittenen an die DVS. In Warnemünde sind vor 1930 nur zwei Exemplare der W II nachweisbar, möglicherweise wurden nicht mehr davon gebaut.

Die Junkers Flugzeug- und Motorenwerke in Dessau gehören bis zum Kriegsausbruch 1939 zu den Großlieferaten der neuen deutschen Luftwaffe, sowohl hinsichtlich Einsatz-Baumustern als auch Schulflugzeugen. Auf dem Bild überfliegt eine Ju W 33 Flugplatz und Werksanlagen in Dessau.

Für die C2-Ausbildung ihrer Flugschüler stehen der DVS (See) Großflugzeuge Ju G 24 und Do „Wal“ zur Verfügung. Diese G 24, D 954 „Donau“, ist auf die Severa GmbH als Eigentümer eingetragen und nur zeitweise an die DVS Warnemünde für Schulungsflüge abgestellt.

Im Gegensatz zu Baureihen der Albatros L 68 mit Sh 12-Standmotoren, bleibt die L 68d mit Sh III-Umlaufmotor nur Versuchsmuster. Auch die Umkleidung solcher als „Ölschleuder“ verrufener Triebwerke kann die Bedenken der Vergabestellen nicht abbauen.

Als Weiterentwicklung der bereits vorgestellten S I hat Arado mit der SC I, einem 230 PS-Schulflugzeug, seit 1927 bei der DVS sein zweites Standbein. Vor der Arado-Halle in Warnemünde vier SC I vor Ablieferung an den Auftraggeber.

Ein Auftragsvolumen von 10 Maschinen erhält Arado für seine SC II, ein Übungsflugzeug mit BMW Va oder Ju L5. Die abgebildete D 1984 der Deutschen Luftfahrt GmbH fällt durch ihre unverkleideten Speichenräder aus der Reihe.

Der Versuch, „durchgefallene", also nicht für einen Serienbau akzeptierte Aufklärungsflugzeuge als Schulflugzeuge anzubieten, stößt beim RWM auf wenig Gegenliebe. So bleibt Caspar mit seiner C 36 auf der Strecke. Das Baumuster mit dem Kennzeichen D 1316, W. Nr. 7013, bleibt Einzelexemplar.

Ähnlich ergeht es Focke-Wulf mit der W 7, die sowohl mit Fahr- als auch Schwimmwerk angeboten wird. Im Jahr 1932 gebaut, kann FW mit diesem Flugzeug die Heinkel-Konkurrenz He 45 nicht ausstechen. Auch bei der See-Version hatte Heinkel mit seiner He 60 die Nase vorne.

Der Seeaufklärer Fw W 4 besticht zwar durch seine freitragende Doppeldekker-Bauweise, kann aber die Bedenken der Abnahmekommission bezüglich ausreichender Festigkeit nicht entkräften. Mit der Bezeichnung „Postflugzeug“ kaschieren die Erbauer später ihren Mißerfolg (Baujahr 1927).

Als Teilnehmerflugzeug zum Seeflug-Wettbewerb 1926 wird beim Udet-Flugzeugbau in München-Ramersdorf der Seeaufklärer U 13 entworfen. Bauverzögerungen lassen jedoch das Flugzeug nicht termingerecht fertig werden. Als Einzelexemplar D-945 in der Luftfahrzeugrolle registriert.

Erfolgreich startet Messerschmitt bei BFW seine Reihe von Sport- und Schulflugzeugen mit der M 23, die zum Einbau unterschiedlicher Triebwerke ausgelegt ist. Vor dem BFW-Hangar in Augsburg die M 23 D-1571 mit Armstrong-Siddeley „Genet"-Motor.

Die D-1743, M 23a des Vereins für Luftschiffahrt Augsburg kommt mit einem 40 PS Salmson AD 9 aus der Produktion.

Ein Reihenmotor Argus As 8A zeichnet die BFW M 27 als erfolgreiches Sport- und Schulflugzeug aus. Bei Betrachtung dieser Aufnahme lassen sich die Bauprinzipien des Konstrukteurs Messerschmitt deutlich erkennen: ausgefeilte Aerodynamik, schlankes, weit spannendes Flächenprofil.

Eine Vorahnung auf politische Turbulenzen vermittelt dieses Bild aus dem Jahr 1930. Angeheuert für Propagandaflüge zur Reichstagswahl, die Schul- und Sportflugzeuge des Luftdienst Mittelrhein in Wiesbaden-Erbenheim: D 1578 = Raka Kl Ic; D 1866 = Kl. L 26 IIa ; D 1516 = Raka Kl Ib.

Der Klemm-Flugzeugbau in Böblingen übernimmt Ende der 20er Jahre mit seinen preiswerten Leichtbau-Schulflugzeugen die Spitzenposition unter den Anbietern dieser Flugzeugklasse. Eine L 26 aV des Luftfahrtvereins Saale-Schwarza, mit Flugschüler Hans Wolkenstein im vorderen Sitz, September 1932.

Im S 24 „Kiebitz" von Focke-Wulf (Baujahr 1928) deuten sich bereits Konturen und Aufbau des später erfolgreichen „Stieglitz" an. Ein Siemens-Halske Sh 4 von 62 PS bringt den kantig-stabilen Doppeldecker auf eine Höchstgeschwindigkeit von 150 km/h, für Anfängerschulung gerade ausreichend.

Von F. Koch / Berlin entworfen, bauen Mitglieder der Sturmvogel-Ortsgruppe Friedrichshain die FK 3. Mit einem 14 PS Blackburn-Motor ausgestattet, soll die FK 3, als Volksflugzeug propagiert, knapp unter 1 000,– RM kosten. Die amtliche Zulassung bleibt dem Kleinflugzeug jedoch wegen technischer Mängel versagt.

Das Zeichen des Flugverbandes der Werktätigen „Sturmvogel“ während der Zeit von April 1929 bis 25. März 1933.

Der Deutsche Luftfahrt-Verband führt bis zu seiner Umwandlung in den Deutschen Luftsport-Verband (25. März 1933) dieses Emblem.

Schulflugzeug Albatros L 75. In der Zeit der Weimarer Republik entworfen und gebaut, wird nach der Machtübernahme 1933 eine Großserie bei den Focke-Wulf-Werken in Auftrag gegeben. Die D-1998 ist eine Original-Albatros mit der W. Nr. 10 182; Sommer 1932, Frankfurt/Oder.

Teilnahme zweier Klemm Schul- und Reiseflugzeuge 1932 beim letzten Europa-Rundflug vor dem Regierungswechsel. Im Vordergrund die D-2310 Kl 32 XIV bei der DVS als Reiseflugzeug eingesetzt; dahinter Kl 32V mit As 8-Motor.

Kurz vor seiner Abwahl: DLV-Präsident Dominicus bei der 13. Rhön im August 1932 inmitten der „Lufthasen“ der Damen-Segelfliegergruppe Mainz-Wiesbaden.

3. Luftsport nach der Machtübernahme

Mit dem Regierungswechsel am 30. Januar 1933 und den darauffolgenden Manipulationen der Nationalsozialisten, die am 23. März 1933 zur Ausrufung des sogenannten Ermächtigungsgesetzes führen, bahnt sich auch für Luftsport, Luftfahrt und Wehrfliegerei eine grundsätzliche Änderung an. Bereits am 2. Februar erläßt die neue Regierung eine Verordnung zur Schaffung einer Dienststelle „Reichskommissar für Luftfahrt", die Hermann Göring übertragen wird.

Die Ereignisse überschlagen sich, als im Zuge der Gleichschaltung von Verbänden und Vereinen, mit Datum vom 25. März 1933, der alte Deutsche Luftfahrt-Verband aufgelöst und unter Präsidentschaft von Hptm.a.D. Bruno Loerzer der neue „Deutsche Luftsport-Verband e.V." (DLV) ins Leben gerufen wird. „Sturmvogel", die Segelfluggruppen der „Kampfgemeinschaft für rote Sporteinheit", die „Akademischen Fliegergruppen", der „Ring Deutscher Flieger" und andere, politisch unabhängige Sportfliegervereinigungen werden aufgelöst; fortan soll der DLV als einzige Organisation für sportfliegerische Betätigung, Verwaltung, Koordination und Förderung diese Aufgabe übernehmen.

Auch die 1924 zum Zwecke der wissenschaftlichen Erforschung des Segelfluges und Ausrichtung der Rhön-Wettbewerbe gegründete „Rhön-Rossitten-Gesellschaft" (RRG) wird in den neuen DLV aufgesogen. Zur Bearbeitung wissenschaftlicher Segelflugfragen rückt ab 1. Juni 1933 an ihre Stelle das „Forschungsinstitut für Segelflug" (DFS), mit Prof. Dr. Walter Georgii als Direktor, Sitz in Darmstadt. Das DFS wird am 1. April 1935 in ein dem RLM unmittelbar unterstelltes Verhältnis treten.

Parallel mit einer regionalen Umgliederung von bisher 12 in 16 Luftsportlandesgruppen und der Einbeziehung der bisherigen SA- und SS-Fliegerstürme in den Verband, läuft die Einführung einer Bekleidungsvorschrift, also Uniformierung für die Mitglieder des DLV (ab 1.11.1933). Künftig sollen sowohl Angehörige der Fliegerschulen als auch im DLV tätige Motorflieger diese Uniform tragen, um „das Zusammengehörigkeitsgefühl aller vom Fluggeist Beseelten zu stärken und zu unterstreichen". Die Auslegung und praktische Anwendung dieser Uniform-Vorschrift wird in der Folge jedoch sehr großzügig gehandhabt und im DLV lediglich bei Aufmärschen und öffentlichen Veranstaltungen grundsätzlich gefordert. (Uniformtafel s. *Luftwaffe Photo-Report*).

Das alte DLV-Zeichen macht nun dem neuen Emblem Platz, in dem das Hakenkreuz dominiert; und dieses neue nationale Symbol sollte auch die Aufgabenstellung des DLV von Grund auf ändern. Auf Modell- und Segelflug übt die neue politische Richtung nur geringen Einfluß aus, jedoch die Sparte Motorflug erfährt bald darauf einen gänzlich neuen Stellenwert.

Nachdem offensichtlich wird, daß Göring als Reichskommissar für Luftfahrt bestrebt ist, alle nur irgendwie mit dem Begriff Fliegerei identifizierbaren Aktivitäten in sein Ressort zu ziehen, befiehlt der Reichskriegsminister, Gen. Werner v. Blomberg, das bisherige Luftschutzamt der Reichswehr (LS-Amt), und damit den militärischen Schulbetrieb und die getarnte Aufstellung von Fliegerverbänden mit Wirkung vom 15. Mai 1933, in das seit 1. Mai 1933 gebildete Reichsluftfahrtministerium (RLM) zu überführen. Als Luftkommandoamt (LA-Amt), unter Oberst Bohnstedt, geht nunmehr die Verantwortlichkeit für Luftwehrangelegenheiten, darunter auch das im Februar aufgestellte „Kommando der Fliegerschulen" (Oberst Geisler), von der Reichswehr unmittelbar an die Reichsregierung über.

Gleichzeitig mit der Umbenennung des „Kdo. der Fliegerschulen“, am 1.11.1933, in „Inspektion der Schulen der Luftwaffe“ und Unterstellung unter den Staatssekretär der Luftfahrt, Erhard Milch, übernimmt Oberst Friedrich Christiansen diese Inspektion. Immer noch unter dem Decknamen der DVS erfährt das militärische Ausbildungsprogramm durch Aufstellung neuer Zweigstellen eine entsprechende Ausweitung. Zum Jahresende 1933 existieren so, neben den Filialen der Deutschen Luftfahrt GmbH, sechs DVS-Zentren:

1. DVS Braunschweig	Aufklärer-, Beobachter-, Kampfflieger-, Fliegerschützenschule	Maj. A. Keller
2. DVS Schleißheim	Flugzeugführerschule	Hptm. Mai
3. DVS Würzburg (Galgenberg)	Flugzeugführerschule	Maj. Ritter v. Greim
4. DVS Cottbus	Flugzeugführerschule	Maj. Deßloch
5. DVS Warnemünde	Flugzeugführer- und Beobachterschule (See)	Korv.Kptn. Coeler
6. DVS-Zweigstelle List/Sylt	Flugzeugführer- und Beobachterschule (See)	Kptn. Ltn. H. Scheurlen

Langstrecken-, Nacht- und Blindflugerfahrung werden den Besatzungen bei den am 1.11.1933 etatisierten Streckenstaffeln, den „Reichsbahn-Strekken“ und den kurz darauf gebildeten „Frachtflugstrecken der Reichsbahn“ vermittelt. Beide Institutionen vereinigen sich am 1.4.1936 zu der „Strekkenschule Berlin“; meist werden Ju 52 geflogen, deren Wartung bei der DLH-Werft erfolgt. Die Schülerzahl ist auf eine Kopfzahl von 130 festgelegt (70 Flugschüler, 30 Funkschüler, 30 Bordmonteurschüler). Daß dieser noch immer geheimzuhaltende Flugbetrieb nicht ins Unermeßliche ausgeweitet werden kann, ist den Verantwortlichen im RLM klar. Nicht zuletzt auch aus Kosten- und damit Etatüberlegungen, weist man daher Mitte 1934 dem DLV die Aufgabe zu, im Rahmen seiner Organisation und aus seinen Mitgliedern die Luftwaffenreserve bzw. Luftwaffen-Ersatzreserve zu bilden.

Erstere soll die aktiv gedienten, fliegerisch ausgebildeten Soldaten erfassen und in den A-Stürmen in Übung halten, letztere nicht gediente, jedoch fliegerisch taugliche und kriegsverwendungsfähige Mitglieder in B-Stürmen aus- und fortbilden. Hierzu sind Flieger-, Übungs- und Ausbildungsstellen, zweckmäßig auf die DLV-Landesgruppem bzw. Luftkreise verteilt, einzurichten und zu unterhalten. Für Flugdienst wird dabei DLV-Uniformierung vorgeschrieben, doch wird diese Anordnung zur Schonung der Bügelfalten kaum beachtet. Geschult wird überwiegend in sportlichem Zivil. Mit Aufstellung dieser Fl.Üb.- und Ausb.-Stellen werden die Zweigstellen der Deutschen Luftfahrt GmbH aufgelöst.

Die Planungen der Jahre 1934/35 sehen bisweilen utopische Zahlen solcher Übungs- und Ausbildungsstellen vor, doch ergibt eine praktische Nachprüfung der tatsächlichen Aktivitäten, daß bei nur einem Bruchteil solcher, schließlich allgemein als Fliegerübungsstellen des DLV bezeichneter Motorflugschulen der Flugbetrieb anlief. Nachstehende Übersicht nennt alle geplanten sowie kurz- und langzeitig unterhaltenen Übungsstellen in den einzelnen Luftkreisen:

Im *Luftkreis I*
- Elbing
- Insterburg
- Königsberg-Devau
- Marienburg
- Neukuhren

Im *Luftkreis II*
- Bernau
- Frankfurt/Oder
- Greifenhagen
- Hennigsdorf
- Neuenhagen
- Rostock
- Sorau
- Stettin
- Guben
- Greifswald
- Angermünde
- Stolp
- Hagenow
- Rangsdorf
- Anklam
- Königsberg/Neumark
- Crössinsee
- Strausberg

Im *Luftkreis III*
- Alt-Lönnewitz
- Breslau
- Dresden
- Erfurt
- Gleiwitz
- Görlitz
- Jena
- Loipzig/Mockau
- Plauen/Vogtl.
- Sprottau
- Weimar-Nohra

Im *Luftkreis IV*
- Darmstadt
- Dortmund
- Düsseldorf
- Duisburg
- Essen
- Frankfurt/Main
- Gelsenkirchen-Buer
- Gelsenkirchen-Rotthausen (Ankufen, alter Platz der Kondor-Flugzeugwerke
- Köln
- Krefeld
- Mannheim-Stadt
- Mchn.-Gladb.-Rheydt
- Münster-Handorf
- Lachen-Speyerdorf
- Paderborn
- Vogelsang/Eifel
- Wiesb.-Erbenheim
- Ziegenhain

Im *Luftkreis V*
- Bayreuth
- Böblingen
- Freiburg/Breisgau
- Friedrichshafen
- Herzogenaurach
- Kaufbeuren
- München-Oberwiesenfeld
- Nellingen
- Neuburg/Donau
- Nürnberg
- Sonthofen
- Ulm-Dornstadt

Im *Luftkreis VI*
- Braunschw.-Waggum
- Bremen-Neulanderfeld
- Diepholz
- Halberstadt
- Hamburg-Altona
- Hannover-Vahrenwalderheide
- Magdeburg
- Quakenbrück
- Uetersen
- Vechta

Das Ausbildungspersonal dieser Fliegerübungsstellen setzt sich ausschließlich aus Fluglehrern und technischen Lehrkräften des DLV zusammen und entlastet damit auch hier das RLM bei dem Zusammenfassen von Kadern zur Aufstellung, noch geheimer, fliegender Verbände. Die Planung rein militärischer Fliegerschulen läuft zwar schon seit Mitte 1934, die Realisierung zieht sich jedoch bis zur Enttarnung der Luftwaffe am 1. März 1935 hin. Früher darf auch das Anlaufen des Flugbetriebes bei den Fliegerübungsstellen nicht angesetzt werden.

Wieder in Mode gekommen, die Uniform. Der neue DLV-Präsident Bruno Loerzer mit den Dienstgradabzeichen eines Fliegerkommodore beim Flugtag 1934 in Böblingen. Rechts der Führer der DLV-Landesgruppe IX, Fliegerkommandant Sommer.

3. 1. 1934

10. 9. 1934

2. 11. 1934

4. 2. 1935

Für Inspektionsflüge steht Loerzer eine Kl 32 zur Verfügung, auf die er schwarz-weiße Streifen, das Kennzeichen seiner alten Jasta 26 aus dem Ersten Weltkrieg aufmalen läßt. Kl 32 XIVa, D-EMUR, vor einer Halle in Böblingen 1934.

Das neue DLV-Zeichen, das in dieser Form vom 25. März 1933 bis zum 17. April 1937 auf Uniformen und Flugzeugen geführt wird.

In den DLV gehen nach 1933 auch die bislang selbstständigen SA- und SS-Fliegerstürme auf. Klemm L 20 BI des SA-Fliegersturmes Frankfurt/Oder. Am Seitenruder der „Schnattergans“ das SA-Symbol.

Neben den Fliegerschulen des DLV bleiben private Lufttaxi- und Rundflugunternehmen bestehen. Dreisitzige Klemm VL 25cVIII, D-EKUS, der Sport-Flug Jehle in München-Oberwiesenfeld. Im Vordersitz zwei rundflugwütige „Figuren“, wie Passagiere im Fliegerjargon genannt werden.

Schulung bei einer der bereits 1934 angelaufenen Flieger-Übungsstellen, und zwar der in Böblingen. Startvorbereitungen zu einem Überlandflug mit Kl. L 25d. Im Vordersitz Flugschüler Heinz Tischer, Oktober 1934.

Klemm bietet mit der L 26Vs (s = Stahlrohrrumpf) dem DLV und privaten Käufern ein Schul- und Reiseflugzeug großer Festigkeit an. Die Stahlrohrversion geht jedoch nicht in die Fertigung. D-2007 der Akademischen Fliegerabteilung der Deutscher Burschenschaften.

Flugtage finden auch nach der Machtergreifung das ungetrübte Interesse des Publikums. Vor großer Kulisse Flugtag in Fürth, 1933. Unter der Typenvielfalt sind auszumachen: de Havilland d. H. 60 M (D-1600); L 26aII (D-2255); Raka Kl la (D-1111); L 25cVII (D-2528); Ju A 50 ci (D-1999). Ab Mai 1935 wird auf dem Platz Fürth-Atzenhof die militärische Ausbildung von A-Schülern anlaufen.

Wie vor 1933 bleiben auch in der Folgezeit Kunstflugvorführungen die Zuschauerattraktion bei Flugtagen. Drei Spitzenkönner dieses Genres auf einem Bild: von links Ernst Udet (geb. 1896), Thea Rasche (geb. 1899), Gerhard Fieseler (geb. 1896).

Udet rollt mit seiner Curtiss F 11C „Hawk“, D-IRIK, zum Start in Berlin-Tempelhof. Aus dem Etat des RLM bezuschußt, läßt Göring zwei Exemplare dieses Baumusters in den USA ankaufen. Udet dankt es ihm mit dem Entritt als zbV-Offizier in das Luftkommandoamt (1.Juni 1935).

Flugtag, 2. Juni 1935, in Düsseldorf-Lohausen. Die Kunstfliegerin Liesel Bach begeistert auch hier mit ihrer RK 26a (D-EVUK) Tausende von Besuchern. Auf dem Bild von links: Kurt Rochel (in DLV-Uniform), Fluglehrer Jakob Möltgen, Liesel Bach.

„Das Deutsche Volk muß ein Volk von Fliegern werden!" Diesen Göring-Ausspruch zu realisieren, entspricht der Aufwand bei den Deutschland-Flügen der 30er Jahre. Perfekt organisiert, werden diese Flugwettbewerbe zu Massendemonstrationen für den Flugsportgedanken.
Klemm L 25dVII der DLV-Ortsgruppe Karlsruhe (F4) und der Ortsgruppe Stuttgart (G3) beim Deutschlandflug 1935 in Berlin-Tempelhof.

An der gleichen Veranstaltung nimmt die DLV-Ortsgruppe Danzig (B1) mit Fieseler F 5R-Flugzeugen teil. Links, im RLM-grauen Anstrich Ar 66c Schuldoppeldekker der RLM-Gruppe, Wettbewerbskennzeichen F1. Fieseler gelingt es nicht, für seine Tiefdekker Luftwaffenaufträge zu erhalten.

Gerner-Schulflugzeuge bleiben bei den DLV-Gruppen unter sich! Seit 1934 von den Adler-Werken/Frankfurt-Main übernommen, bleiben die Bauzahlen der Gerner-Baumuster niedrig. Ab etwa 1937 übernehmen die kleinen Einzelbetriebe schließlich Teilebau- und Reparaturaufträge für Messerschmitt und Junkers. G II Rc, D-EDAV, W. Nr. 45, beim Deutschlandrundflug 1935. B5 steht für die DLV-Ortsgruppe Essen.

Zu einer publikumswirksamen Werbung für den Segelflug tragen die Spitzenleistungen von Wolf Hirth bei. Mit dem von ihm konstruierten und beim Segelflugzeugbau Kassel gebauten „Musterle" ist er bei Flugtagen ein stets gerne gesehener Gast.

Von der Pike auf! Für Rutscher und Sprünge werden den Segelfluganfängern, den sogenannten „Hangpolierern", Schulgleiter wie die Grunau 9 (hier mit Boot) anvertraut. Die Diagonalstrebe vor dem Führersitz hat der Grunau 9 den Spitznamen „Schädelspalter" eingetragen.

Der Stamer-Lippisch-Entwurf RRG „Zögling" kommt ohne die frontale Strebenanordnung aus. Ursprünglich eine reine Holzkonstruktion, wird den DLV-Gruppen auch ein Stahlrohr-Bauplan angeboten. „Stahlrohr-Zögling" des Vereins für Luftfahrt Dillingen auf dem Übungsgelände bei Thalfang, 1934.

Den Vertretern der Hohen Schule des Segelfluges sind sensiblere Hochleistungs-Segler vorbehalten. Mittagspause im Segelfliegerlager auf der Wasserkuppe. Im Vordergrund ein Schleicher „Rhönbussard", mit der 9 am Ruder ein Jacobs-Schweyer „Rhönsperber."

Als frischgebackener Reichskommissar für Luftfahrt macht Hermann Göring 1933 der DVS Schleißheim seinen Antrittsbesuch. Die Zweigstelle Schleißheim ist zu dieser Zeit noch eine reine Flugzeugführerschule, nimmt jedoch ab 1934 die Kunstflug- und wenig später die jagdfliegerische Ausbildung auf.

Der im Jahr 1892 geborene Erhard Milch übernimmt nach seiner Tätigkeit als Direktor der Deutschen Lufthansa ab 22. Februar 1933 die Stelle des Staatssekretärs und stellvertretenden Reichskommissars für Luftfahrt.

Der militärische Aspekt rückt seit dem Regierungsantritt Hitlers bei der DVS, zwar noch getarnt, jedoch verstärkt in den Vordergrund. Mit dieser W 34fue, D-2239, wird neben der Erprobung des Pratt & Whitney „Hornet“-Triebwerkes im Jahr 1934 eine Versuchsreihe mit verschiedenen Bombenzielgeräten erflogen.

Verbandsflugübung bei der Fliegerschule Braunschweig, der ehemaligen DVS-Zweigstelle. Die Ju 52/3mge verfügen weder über den MG-Abwehrstand auf Rumpfoberseite, noch besitzen sie den Bodentopf der Militärversion.

Seit 1933 als Nahaufklärer geliefert, taucht die He 46 Ende 1934 erstmals für Beobachter- und Fliegerbild-Ausbildung bei der Fliegerschule Braunschweig auf. Mit einem SAM 322C-Motor bleibt der Hochdecker bis zur Einführung der Hs 126 (1938) bei den Nahaufklärungsstaffeln.

In Lipezk erprobt, jedoch für die Ausstattung der ersten Luftwaffen-Jagdgruppen nicht für geeignet befunden, die Arado Ar 64a. Hier das Grundmuster mit einem Siemens Jupiter VI von 530 PS, aus dem über die Versionen b, c, d und e der Jagdeinsitzer Ar 65 entwickelt wird. Ohne Fahrwerkverkleidung landen fast alle gebauten Ar 64 bei der Fliegerschule (S) Schleißheim.

Als Lehrer für Kunstflugausbildung ist Willi Stör seit 1929 bei verschiedenen DVS-Filialen, bevorzugt bei der DVS Schleißheim tätig. Die Aufnahme zeigt ihn vor einem Jagdeinsitzer Fokker D XIII, D-2252.

Die ersten Schulflugzeuge Fw 44 „Stieglitz" treffen Anfang 1934 bei der DVS Schleißheim ein. Sie sollen das bisher geflogene Typensammelsurium ersetzen. Fw 44B D-3155 mit einem Sh 14a von 150 PS.

Für die Ausbildung zum B-Schein liefert Arado seit Dezember 1933 die Ar 66c an die Filialen der DVS. Das Triebwerk Argus As 10c ist durch zwei große seitliche Verkleidungsbleche für Wartungsarbeiten gut zugänglich. Ar 66c D-2784, Februar 1934 Schleißheim.

Mit der Serienreife der Ar 66c und Go 145 läuft das Baumuster Albatros L 75 bei Focke-Wulf aus. Die bereits gelieferten Exemplare, wie diese L 75F, W. Nr. 778, werden jedoch weiter in Betrieb gehalten.

Zum Erfliegen von Einsatztypen stehen in Schleißheim mehrere Baumuster zur Verfügung. Der 3-teilige Antennensatz auf dem oberen Tragdeck weist diese He 45 B als ein frühes Serien-Exemplar aus. Die D-2969 hat anstelle des MG-Drehkranzes einen zweiten Sitz (Doppelsteuer).

Auch die He 50a D-INOX verfügt anstelle des MG-15-Drehringes über eine zweite Führersitzverkleidung. Erst bei Verwendung des Baumusters als Nachtschlachtflugzeug gegen Ende des Zweiten Weltkrieges werden die eingemotteten So.2-Waffensätze vereinzelt wieder eingebaut.

Die aus der Auslandspresse lautgewordene Beweisführung für eine getarnte Aufrüstung deutscher Luftstreitkräfte soll wahrscheinlich mit diesem Karnevalsgefährt ironisch heruntergespielt werden. Die Flugschüler, die hier vor der Schleißheimer Werft 1934 zur Rundfahrt aufgesessen sind, wissen zwar mit Sicherheit, daß es eine Do 111 nicht gibt, aber auch, daß in den französischen und englischen Zeitungsberichten mehr als nur ein Körnchen Wahrheit steckt.

Der Beweis vor der Haustür: Rollschaden zweier Jagdflugzeuge auf dem Hallenvorfeld Schleißheim, im Frühjahr 1935. Eine He 51, D-ISOE, W. Nr. 1037, rollt auf eine abgestellte Ar 65, D-ISUL.

Ausschließlich auf A- und B-Ausbildung ist dagegen die Würzburger DVS-Zweigstelle unter Maj. Ritter v. Greim abgestellt. Die U 12a, D-1243, rutscht am 9.11.1933 aus einer Kurve ab und kann vom Flugschüler nicht mehr abgefangen werden. Schadensmeldung: 1 Toter, Flugzeug 100 %.

Ein (noch nicht) prominenter Flugschüler bei der DVS-Zweigstelle Cottbus 1934: Werner Mölders. In Cottbus ist als Schulflugzeug der „Fliegende Regenschirm", wie die Albatros L 101 allgemein genannt wird, im Flugzeugbestand besonders häufig vertreten.

Mit Ausbau der Cottbuser Anlage zu einem Stamm-Fliegerhorst für eine Aufklärungs-Gruppe wird 1935 auch mit dem Bau des Offizierheims begonnen. Hier das fertige Gebäude im Jahr 1938.

Die DVS (See) Warnemünde besteht auch nach 1933 mit dem eingefahrenen Ausbildungs-Programm weiter. Außer Zuweisung zeitgemäßer Schulflugzeuge läßt sich nach außen hin von dem internen Strukturwandel nichts erkennen. Dreisitzer HE 5e D-OMIP an der Warnemünder Ablaufbahn, März 1936.

Verbandsflugübung bei der DVS Warnemünde 1933. Einen Fünfer-Keil fliegen die HE 9-Schwimmerflugzeuge D-1941, D-2003, D-2095, D-1688. Die Kennung des Führerflugzeuges ist nicht auszumachen. Mit Einbau eines Doppelsteuers ist der frühere Seeaufklärer ein reines Schulflugzeug geworden.

Als Endprodukt der gründlich überarbeiteten Heinkel HD 24 läuft seit 1931 bei Heinkel-Warnemünde die strukturell verstärkte He 42 vom Band. Die Standard-Schulmaschine ist bei den Werknummern 1265-1276 und 1349-1431 auch mit einem Reihenbildgerät nachrüstbar.

Zur Beobachter- und Funkereinweisung verfügt die DVS Warnemünde über das katapultierfähige Schwimmerflugzeug He 60, das ab 1933 auch an die Küstenfliegerstaffeln ausgeliefert wird. Auf dem schwimmenden Heinkel-Katapult absolviert der fertig ausgebildete Seeflieger vor Kommandierung zu einem Verband einige Katapultstarts.

Für Navigationsschulung, Instrumenten- und Blindflug bietet die Schwimmer-Version der W 33 alle notwendigen Voraussetzungen. W 33he/See, D-2756, der DVS Warnemünde kurz vor der Umregistrierung in D-OHIP.

Das Ju 52-Verkehrsflugzeug steht in der See-Ausführung der DVS (See) in zwei Exemplaren zur Verfügung und ist dabei häufig für Personaltransporte zwischen Warnemünde und List im Einsatz. Eine Schwimmer-Ju beim Einsetzen am Kran in Norderney.

Der Pilotenstamm der Fliegerstaffel (J) 1 Kiel-Holtenau setzt sich aus ehemaligen Schülern der DVS (See) zusammen. Die Staffel wird im Frühjahr 1935 Küstenjagdstaffel 1./136. Von links: Fritz Kube, Wismar, Erich „Max“ Schwering, Staffelkptn. Hptm. Edert, Wolter, Schöppe, Helmut Goedert, Ltn. Seliger, Hermann Roth, Gerhard Kadow, Richard „Sepp“ Brunner.

Zur Erstausstattung der Fliegerstaffel (J) 1 gehören kurzzeitig Jagdeinsitzer HD 38, bevor die Zuteilung der He 51 erfolgt. HD 38a, D-IDYV, mit BMW VI-Reihenmotor und Metall-Luftschraube.

Bis zum Anlaufen von Blindflug-Lehrgängen ist mit den Streckenstaffeln, auch als „Reichsbahnstrecken“ bekannt, die Möglichkeit geboten, den Inhabern des C-Scheines Strecken- und Blindflugerfahrung zu vermitteln. Zum Flugzeugpark dieser Streckenstaffeln zählt auch diese Ju 52/3mce mit unverkleideten P&W „Hornet“-Triebwerken.

Eine bereits mit BMW 132 ausgerüstete Ju 52/3mge der Streckenstaffel 2 vor der Luftschiffhalle in Staaken. Die Unterhaltung des Flugzeugbestandes aller Streckenstaffeln ist der Lufthansa-Werft in Staaken übertragen. Als Kommandoführer koordiniert Hptm. Pohle den Ausbildungsbetrieb in Berlin-Tempelhof.

Die ersten Flieger-Übungsstellen beginnen im Spätjahr 1934 mit dem Schul- und Übungsbetrieb. Dabei schlägt in den Anlaufmonaten der mangelhafte fliegerische Standard der einberufenen Schüler in zahlreichen Flugunfällen zu Buche. He 72 D-EBYS der Fl.Üb.St. Böblingen nach einer mißglückten Außenlandung am 17.12.1934 bei Gärtringen.

Dieser Flugschüler der Fl.Üb.St. Böblingen muß wegen Treibstoffmangel und Verorientierung seine He 72 D-EQIT auf freiem Feld notlanden, unterschätzt dabei den aufgeweichten Ackerboden. Ergebnis: Fahrwerk abgeschert, Schaden 60 %.

Von der DVS an die Böblinger Übungstelle abgegeben, eine F 13f1e, D-OBON, W. Nr. 703. Als „Milan" ist das Flugzeug bis in das Jahr 1933 im Streckendienst der DLH geflogen.

Schülergruppe der Fl.Üb.Stelle Düsseldorf, mit Startfahne und Werkzeugkasten zum Flugdienst angetreten. Um Uniformvorschriften kümmert sich keiner, auch nicht Fluglehrer Geitz (rechts, mit Hut) und Hilfsfluglehrer Kurt Rochel. Düsseldorf, März 1935.

Beim Hüffer-Flugzeugbau in Münster/Westf. wird in kleiner Serie der Jagdeinsitzer Fokker D VII als zweisitziges Schulflugzeug nachgebaut, neue Typenbezeichnung: Hüffer H 9. Die W. Nr. 3 hat als D-IHOT bei der Fl.Üb.Stelle Düsseldorf ihre Heimat gefunden.

Ein selten geflogener Doppelsitzer ist auch die „Rheinland Schwalbe“. Von Peschke wird eine kleine Reihe dieser aus der Raka. Kl I weiter entwickelten Kunstflug- und Schulmaschine in Minden/Weser gebaut. D-ENAX, W. Nr. 21 (ein Kl I-Umbau), bei der Flieger-Übungsstelle Düsseldorf, 1937.

Die letzte Baureihe der Junkers W 33 weist als W 33he Einzelfahrwerkhälften ohne verbindende Radachse, geschlossene Kabine und eine Junkers-Metall-Luftschraube auf. Flugschüler Heinz Römer mit der D-OPOF bei der Fl.Üb.St. Düsseldorf, im September 1934.

Von ihrem Abstellplatz hoppelt die einzige Kl 31a XIV der Düsseldorfer Übungsstelle an den Start. Als Reiseflugzeug ist die Maschine mit einem Doppelsteuer ausgestattet, so daß Lehrer und Schüler nebeneinandersitzen. Kennzeichen D-IHUH, Düsseldorf Februar 1935.

Auch bei der Fl.Üb.Stelle Freiburg bleiben Unfälle im Schulbetrieb nicht aus. Danebengegangene Außenlandung auf einer Landstraße mit BFW U 12a, D-ELAK, im Frühjahr 1937. Zwei Schwerverletzte, Materialschaden 100 %.

Am Platzrand von Freiburg fängt Flugschüler Bischof die Landung zu hoch ab; Fahrwerk- und Flächenbruch der Kl L 25d VIIR, D-EPAK, im Juni 1936.

Der Flugplatz Freiburg im Norden der Stadt. Das Gelände beherbergte bereits im Jahr 1914 eine Fliegerstation der Kaiserlichen Fliegertruppe. Die Platzanlage blieb bis über das Kriegsende hinaus als Notlandeplatz erhalten, so daß nach einigen Modernisierungsarbeiten durch die Stadt Freiburg und den Breisgauer Verein für Luftfahrt die Wiederaufnahme des Flugbetriebes keine allzugroßen Schwierigkeiten bereitete. Nach der Nutzung für Ausbildungsbetrieb bleibt Freiburg in der Kategorie Verkehrs- und Industriehäfen. Während der Kriegsjahre von der Luftwaffe mit einer Fliegerschule (Schlepp) belegt, danach, seit Herbst 1942, mit der Ergänzungsgruppe für Fallschirm-Kampfbeobachter. Das Luftbild zeigt das durch Umpflügen für Starts und Landungen unbrauchbar gemachte Gelände am 4. April 1945. Am oberen rechten Platzrand die Schießstände.

Fluglehrer Hagedorn (Arme verschränkt) mit einigen seiner Schützlinge der Fl.Üb.St. Herzogenaurach. 2. v. links Flugschüler Ernst Ortegel, 4. v. li. Flugschüler Erwin Günthner, September 1936.

Dicht belegte Halle in Herzogenaurach, 1936. Mit Kennung D-EJOE eine Fw 44, im Hintergrund mehrere Ar 66.

He 72 „Kadett“, D-EFGU, auf dem Hallenvorfeld von Herzogenaurach. Schulflugzeuge dieser Jahre werden vom Werk mit einem silberfarbenen Anstrich geliefert.

Schülersitz einer He 72 in Herzogenaurach, September 1936. Im Gegensatz zum vorderen, dem Lehrersitz, hier volle Instrumentierung. Auf dem Rumpf hinter der Windschutzscheibe ein Flüssigkeitskompaß Bauart „Askania“.

Ein He 72 „Kadett“ in der C-Version mit Argus As 10, 135 PS. Die Baureihen A, B und D mit Siemens-Halske Sh 14A überwiegen zahlenmäßig den Argus-„Kadett“ um ein Vielfaches. Herzogenaurach, August 1936.

Ehemaliges Aufklärungsflugzeug Albatros L 78, D-IBOL, bei der Flugzeugführerschule (E) Nellingen (in Karlsruhe). Ungewöhnlich die nach vorn ausgebogten Auspuffrohre des BMW VI, von dem die obere Abdeckung abgenommen ist. Karlsruhe, März 1938.

Ungefähr mit der Aufnahme der Ausbildung bei den Flieger-Übungsstellen rollen aus den Bücker-Werkhallen in Berlin-Rangsdorf die ersten Exemplare des Bü 131 „Jungmann“. Das Bild zeigt das Schulflugzeug Bü 131A D-EXIR mit Hirth HM 60R-Motor, 80 PS. Hauptverwendungszweck zu dieser Zeit: Kunstflug.

Die Go 145A der Gothaer Waggonfabrik, Abteilung Flugzeugbau, ist eine B1-Maschine mit dem zuverlässigen As 10C von 240 PS. Das Flugzeug wird ab 1939 auch bei Messerschmitt/Augsburg in Lizenz gebaut. Go 145A D-IGHB der FFS (E) Lachen-Speyerdorf, August 1937.

Der Hangar in Lachen-Speyerdorf, Juni 1937. Im Vordergrund eine Junkers W 34hi, D-OSOL. Lachen-Speyerdorf nimmt 1941 die Jagdflieger-Vorschule 2 auf, ab Oktober 1942 die Jagdfliegerschule 6.

Aus dem Werk direkt zur Fliegerschule! Eine Fw 44 „Stieglitz" der Fl.Üb.Stelle Bremen-Neulanderfeld beim Start. Unmittelbar neben diesem Flugfeld hatten die Focke-Wulf Werke ihren Fertigungsbetrieb gebaut.

Nur einige Musterflugzeuge des Types Ar 69B baut Arado im Jahr 1934. Mit kleineren Abmessungen und dem Sh 14A kann das Flugzeug jedoch nicht mit den bereits eingeführten Schulflugzeugen Fw 44 und He 72 konkurrieren.

Auf dieser Aufnahme erkennt man, weswegen der Albatros L 101 der Spitzname „Regenschirm" angehängt worden war – beide Besatzungsmitglieder saßen wie unter einem Baldachin. L 101D, W. Nr. 183, aus der Focke-Wulf Produktion, bei der Fl.Üb.Stelle Weimar-Nohra 1934.

Budenzauber in Weimar-Nohra. Die Herren Flugschüler, jeweils von links. Stehend: Lehmann, Ansbach, Kalus, Fritz Herber, Riebe, Doeri, Stengel, Zitter. Knieend: Willi Benz, Braunschweig, Heinz Tischer. Sitzend: Karl von Jahn, Stopper, Franzl Weber, Rappold; davor mit Sonnenbrille: Ackermann. August 1934.

4. 1935 – neue Aufgaben, neue Namen

Eine grundlegende Änderung bestehender Verhältnisse ergibt sich seit dem 1.3.1935, dem Tag, an dem ohne besonderes Pathos die Existenz einer neuen deutschen Luftwaffe der Weltöffentlichkeit bekannt gegeben wird. Waren bislang die Bemühungen der Reichsführung auf eine absolute Geheimhaltung der Aufbauphase von Luftstreitkräften konzentriert, so bewegen sich in den Folgemonaten die propagandistischen Aktivitäten in genau entgegengesetzter Richtung. Die Indienststellung jedes neuen fliegenden Verbandes erfährt nunmehr eine unverhältnismäßig übersteigerte Bewertung in den Massenmedien; mit Fahnenweihen, Verleihung von Traditionsnamen und Massen-Vorbeiflügen wird der Zweck verfolgt, die vorerst eher dürftige Stärke des dritten Wehrmachtsteiles propagandistisch nach oben zu verschieben.

Das Richtfest der neuen Gebäude des RLM, am 12. Oktober 1935, bietet erneut Gelegenheit, dem Ausland das Wiedererstarken einer deutschen Luftmacht vor Augen zu führen, nachdem zuvor mit der Verkündung des Gesetzes zum Aufbau der Wehrmacht (16.3.1935) bereits der Wehrwille des Dritten Reiches demonstriert worden war.

Eher bescheiden läuft dagegen die nunmehr enttarnte Planung und Durchführung des Luftwaffen-Ersatzwesens und des unmittelbar damit verbundenen Ausbildungsbetriebes ab. Beim DLV, in dem der bisherige Präsident des Verbandes, Loerzer, am 27.6.1935 zum Reichsluftsportführer ernannt worden war, rücken jetzt die Mitglieder zu den ersten Lehrgängen bei den Flieger-Ausbildungsstellen ein. Zwar wechselt Loerzer am 1.11.1935 als Oberst in das RLM, jedoch betreibt der an seine Stelle tretende neue Reichsluftsportführer Oberst Alfred Mahncke (bisher Kdr. der Fähnrichschule Potsdam-Eiche) eher noch verstärkt den Aufbau der Luftgaureserven. Bei seiner Amtsübernahme stehen für diesen Zweck dem DLV rund 1350 Schulflugzeuge zur Verfügung.

Das ab 1. April 1935 als selbstständige Kommandobehörde etatisierte „Kommando der Schulen" (zuvor „Inspektion der Fliegerschulen") unter Oberst Christiansen geht nun seinerseits die terminlich erheblich verschleppten Aufstellungen militärischer Flugzeugführer- und Fliegerwaffenschulen energisch an. Die Deutsche Verkehrsfliegerschule (DVS) hat mit der Aufhebung der Tarnbestimmungen ihre Rolle ausgespielt; ihre Zweigstellen gehen unter neuer Namensgebung an das Kdo. der Schulen über.

Im Herbst 1935 sind in Betrieb genommen beziehungsweise übernommen worden:

		Schulprogramm
Beim Kdo.d.Sch./Land:	Fliegerschule Celle	bis B2
Beim Kdo.d.Sch./Land:	Fliegerschule Fürth	bis B2
Beim Kdo.d.Sch./Land:	Fliegerschule Kitzingen	bis A2
Beim Kdo.d.Sch./Land:	Fliegerschule Ludwigslust	bis C2
Beim Kdo.d.Sch./Land:	Fliegerschule Magdeburg	bis B2
Beim Kdo.d.Sch./Land:	Fliegerschule Neuruppin	bis C2
Beim Kdo.d.Sch./Land:	Fliegerschule Oldenburg	bis B2
Beim Kdo.d.Sch./Land:	Fliegerschule Perleberg	bis C2
Beim Kdo.d.Sch./Land:	Fliegerschule Salzwedel	bis B2
Beim Kdo.d.Sch./Land:	Fliegerschule Schleißheim	bis B2
Beim Kdo.d.Sch./See:	Fliegerschule (See) Stettin	bis B2
Beim Kdo.d.Sch./See:	Fliegerschule (See) Warnemünde	bis C2

Dazu laufen mit niedrigerer Schülerfrequenz:

Fliegerlehrgang Brandis	Blindflug
Fliegerlehrgang Celle	Blindflug
Fliegerlehrgang Schleißheim	Kunstflug u. Jagdausbildung

Alle anderen, zu diesem Zeitpunkt existierenden Ausbildungszentren des Kdo.d.Sch. sind als Sonder (S)-oder Fliegerwaffenschulen einzustufen.

Der reinen Rekruten-Ausbildung (Grundausbildung) dienen die am 1. Oktober 1935 aufgestellten Flieger-Ersatzabteilungen (Flea.), und zwar eine je Luftkreis; von dort werden die wehrfliegertauglichen und ausgewählten Absolventen an die Fliegerschulen versetzt.

Erst im Spätsommer erhalten die Flea's durch Zusammenlegung einzelner Schulen ihre eigene fliegerische Ausbildungskapazität, d.h. nach der Rekrutenausbildung bei den Schülerkompanien einer Flea. erfolgt Kommandierung der Flugzeugführeranwärter direkt an die Flugzeugführerschule (FFS) der gleichen Flea. (zeitweise auch als III. Bataillon der Flea. bezeichnet). Der Grundstock der 1939 auf 26 angewachsenen Fliegerausbildungsregimenter – in solche werden die Flea's am 1.4.1939 umbenannt – steht am 1.10.1935 mit:

Flieger-Ersatzabteilung	Neukuhren	im Luftkreis I
Flieger-Ersatzabteilung	Quedlinburg	im Luftkreis II
Flieger-Ersatzabteilung	Oschatz	im Luftkreis III
Flieger-Ersatzabteilung	Stade	im Luftkreis IV
Flieger-Ersatzabteilung	Neubiberg	im Luftkreis V
Flieger-Ersatzabteilung	Schleswig	im Luftkreis VI

Zur fliegerischen Ausbildung des Offiziernachwuchses bis zur B2-Qualifikation laufen ab Ende 1935 die Vorbereitungen zur Aufstellung der Luftkriegsschulen (LKS), von denen am

1.4.1936	LKS Dresden-Klotzsche	
	LKS Berlin-Gatow	
	LKS Werder/Havel	etatmäßig stehen
ab 1.10.1937	LKS Fürstenfeldbruck	
ab 1.11.1939	LKS Breslau-Schöngarten.	

Bis in das Jahr 1937 laufen so die Einrichtungen der Luftwaffenreserve im DLV und die der Luftwaffe nebeneinander her, zwar mit unterschiedlicher Symbolik, jedoch gleicher Zielsetzung: Herausbringen einer möglichst großen Zahl von Flugzeugführern für die wie Pilze aus dem Boden schießenden fliegenden Verbände. Daß dabei die im RLM seit 10.2.1936 gebildete „Inspektion für Flugsicherheit und Gerät“, unter Oberstlt. R. Ritter v. Greim, eine dominierende und verantwortungsvolle Funktion im hektischen Ausbildungsbetrieb dieser Jahre ausübt, verhindert ein weiteres Anwachsen der seit 1933 schlagartig angestiegenen Flugunfälle. Die von dieser Inspektion herausgegebenen Monatsberichte, von dem Fliegervolk schnodderig als „Greim's Märchen“ tituliert, bieten einen erschrekkenden Überblick über Art und Ursachen der täglich zu registrierenden Abstürze, Kollisionen und Unfälle am Boden.

Am 17.4.1937 wird der DLV formell aufgelöst und die gesamte Organisation vom Nationalsozialistischen Fliegerkorps (NSFK) übernommen. Die Führung dieses NSFK geht vom bisherigen Reichsluftsportführer Alfred Mahncke an den Gen.Lt. Friedrich Christiansen als Korpsführer über. Diese neue Parteigliederung wird aus der Aufgabe des alten DLV, nämlich Organisation und Ausbildung der Luftwaffenreserve, entlassen. Sie dient ausschließlich der Förderung und Verbreitung des fliegerischen Gedankens, der fliegerisch-vormilitärischen Ausbildung des Nachwuchses und der Zusammenfassung und zentralen Steuerung des gesamten Flugsportes. Einen besonderen Stellenwert erhält die Zusammenarbeit des NSFK mit der Flieger-Hitlerjugend, in der Jugendlichen zwischen 14 und 18 Jahren als fliegerische Nachrücker für die Luftwaffe, unter Voranstellung der weltanschaulichen Schulung, im Segelflug, Modellflug und in der Werkstattarbeit Grundkenntnisse vermittelt werden. Dabei erfahren die Segelflug-Schulungsstätten eine besondere Förderung. Sie erreichen kurz vor Kriegsbeginn die stattliche Zahl von 4 Reichssegelflugschulen, 17 regionalen Segelflugschulen (in den 17 NSFK-Gruppen), 4 Segelflugbauschulen, 2 Werkstattleiterschulen und schließlich 3 Reichsschulen für Segelflugsport; letztere stehen dabei den Förderern des NSFK zur Erlernung des Segelflugsportes zur Verfügung. Hinzuzurechnen sind mehr als 1000 Fluggelände und Übungshänge bei den einzelnen NSFK-Stürmen, verteilt über das gesamte Reichsgebiet.

Die Luftwaffe unterhält dazu eine große Anzahl von Segelfluggruppen bei ihren Fliegerhorstkommandanturen, in denen Luftwaffenpersonal jeglichen

Dienstgrades und Tätigkeitsbereiches eine Ausbildung absolvieren und die Segelflugscheine erwerben kann.
Der Motorflugsport erhält durch die Einrichtung von Reichsschulen für den Motorflugsport bis zum Kriegsbeginn ebenfalls einen enormen Auftrieb, danach, bedingt durch die Kriegsereignisse, naturgemäß einen entsprechenden Rückgang. Ein Teil dieser Fluggelände wird der Luftwaffe als Arbeitsplätze für militärischen Schulbetrieb zur Verfügung gestellt. Im Sommer 1939 existieren:

Reichsschule für Motorflugsport	Bielefeld-Windelsbleiche
Reichsschule für Motorflugsport	Chemnitz
Reichsschule für Motorflugsport	Danzig-Langfuhr (in Aufstellung)
Reichsschule für Motorflugsport	Hamburg-Altona
Reichsschule für Motorflugsport	Karlsruhe
Reichsschule für Motorflugsport	Köln-Butzweilerhof
Reichsschule für Motorflugsport	Königsberg/Pr. (in Aufstellung)
Reichsschule für Motorflugsport	Rangsdorf (Aero Club von Deutschland mit Ausländerausbildung)
Reichsschule für Motorflugsport	Wien (in Aufstellung)

Als unmittelbare und vorgezogene Folge der Auflösung der Luftwaffenreserve im DLV hatte das Kdo. der Schulen bereits am 1.4.1937 seine Selbstständigkeit verloren, es war als Inspektion der Flugzeugführerschulen (Oberst Fischer) in den Schoß des RLM zurückgekehrt. Der alte Status, den die Koordination Luftwaffe – DLV erforderte, war in dem Augenblick nicht mehr erforderlich, in dem das gesamte Ersatzwesen in die Kompetenz der Luftwaffe überging.
Dieses Umschichten macht verständlicherweise eine erhebliche Aufstockung der Flieger-Ersatzabteilungen und Flugzeugführerschulen notwendig. So wird ab April 1937 eine ganze Reihe von Fliegerübungsstellen in Flugzeugführerschulen E (E = Ersatzwesen) umgegliedert; diese gehen zum Großteil 1938/39 in den Flugzeugführerschulen der Fliegerausbildungsregimenter auf.
Eine Zusammenfassung Ende des Jahres 1937 ergibt folgendes Bild:

Flugzeugführerschulen (A)
- Neukuhren/Ostpr.
- Weimar-Nohra
- Detmold
- Neubiberg
- Kaufbeuren
- Quedlinburg

FFS (B)
- Halberstadt
- Magdeburg
- Oldenburg
- Salzwedel
- Schleißheim
- Schönwalde b/Berlin

FFS (C)
- Celle
- Fürth
- Ludwigslust
- Neuruppin
- Perleberg
- Stade

FFS (See)
- Pütnitz
- Stettin
- Warnemünde

LKS
- Berlin Gatow
- Dresden-Klotzsche
- Fürstenfeldbruck
- Werder/Havel

Blindflugschulen
- Brandis
- Wesendorf (ehem. Celle)

Navigationsschule
- Anklam (ehem. Navigationslehrgang Brandis)

FFS E
- Braunschweig-Waggum
- Bremen-Neulanderfeld
- Breslau-Gandau
- Elbing
- Frankfurt/Oder
- Freiburg/Brsg.
- Gelsenkirchen-Buer
- Gladbach-Rheydt
- Guben
- Gutenfeld
- Hagenow
- Herzogenaurach
- Jena-Rödigen
- Lachen-Speyerdorf
- Mannheim-Stadt
- München-Oberwiesenfeld
- Nellingen (vorerst Karlsruhe)
- Nürnberg
- Plauen/Vogtl.
- Quakenbrück
- Sorau (vorerst Stolp-West)
- Sprottau (vorerst Lönnewitz)

FFS E (C)
- Lönnewitz (vorerst Sprottau)
- Essen
- Hannover-Vahrenwalderheide
- Kiliansdorf b./Roth
- Pyritz (vorerst Sorau)
- Seerappen

Die dringende Notwendigkeit, für den angewachsenen Schulbetrieb eine zentral gesteuerte Ausbildung und Zuweisung von Fluglehrern durchzuführen, nimmt im Oktober 1938 Gestalt an. Auf dem seit 1936/37 im Ausbau befindlichen Flugplatz Brandenburg-Briest/Havel, der kurzzeitig als Ausweichplatz für C-Schulbetrieb diente, werden ab Ende 1938 Umbauten vorgenommen und Einrichtungen geschaffen, die das Anlaufen der einzigen „Fluglehrerschule der Luftwaffe“ im Sommer 1939 ermöglichen. Das Ausbildungs-Stammpersonal mußte sich naturgemäß aus „alten Hasen“, Routiniers ihres Faches, zusammensetzen, denen Oberstltn. (später Gen.Maj.) Otto Fruhner, selbst ein Fluglehrer der er-

sten Stunde, fast den ganzen Krieg über als Kommandeur vorstand.
Ab 1. September 1939, dem Tag des Kriegsausbruches, sind zwar die Strukturen des Ausbildungswesens der Luftwaffe (Chef des A.W. Gen.d.Fl. Kühl) weitgehend festgelegt und eingefahren, dazu hat die Einbeziehung von Fliegerschulen in den 1938/39 besetzten Gebieten (Österreich, Tschechoslowakei) den Ausbildungsrahmen und die Gesamtkapazität etwas erweitert. Trotzdem wird es erforderlich, neben den Schulen der Fliegerausbildungsregimenter eine zusätzliche Zahl A/B- und C-Schulen zu etatisieren, um die zu erwartenden Ausfälle von fliegendem Personal infolge Feindeinwirkung auffangen zu können.
Zu diesem Aufstellungsblock sind zu zählen:

die A/B-Schulen	numerisch ab A/B 110
die C-Schulen	numerisch ab C 10
die Blindflugschulen	numerisch ab Blindflugschule 3

Die Praxis, vor dem 1.9.1939 die Flugzeugführerschulen nur nach ihrer Art mit zusätzlicher Standortangabe zu bezeichnen, wird mit Kriegsbeginn insofern übersichtlicher, als man die Schulen anstelle der örtlichen Nominierung aus Geheimhaltungsgründen in ein Zahlensystem einreiht. Diese Regelung ist auch notwendig, weil durch Belegung von Ausbildungsplätzen mit fliegenden Verbänden viele dieser Schulen ständig Standortwechsel vornehmen müssen, was wiederum zu fortwährenden Namensänderungen geführt hätte.
So wird jetzt die FFS (C) Neuruppin zur FFS (C) 2 ohne Ortsangabe, um nur ein Beispiel zu nennen.
Die nachstehende Zusammenstellung der von Ende 1939 bis Kriegsende unterhaltenen Ausbildungseinheiten soll sich in Kurzform auf die Fakten: Aufgabenbereich, Verlegungen, Kommandoführung und Umbenennungen beschränken, um so in übersichtlicher Form ein Bild dieses Teilbereiches der Luftwaffengeschichte aufzuzeichnen.

Oberstleutnant Alfred Mahncke (geb. 1888, gest. 1979) übernimmt am 1.November 1935 den Posten des Reichsluftsportführer von Bruno Loerzer.

Mit Übergang der Aufgaben des DLV an das NSFK (April 1937) wird der Pourlemérite-Seeflieger Friedrich Christiansen zum NSFK-Korpsführer ernannt.

Inspekteur des NSFK wird Obergruppenführer Harry von Bülow-Bothkamp. Als Oberstlt. und Kommodore des JG 2 wird ihm am 22.8.1940 das Ritterkreuz verliehen.

Das Symbol des NSFK tritt ab 18. April 1937 an die Stelle des Emblems des Deutschen Luftsportverbandes.

Enge Zusammenarbeit zwischen NSFK und Flieger-HJ. Ein Truppführer der NSFK-Gruppe 15 Schwaben als Reisebegleiter einer Modellfliegergruppe bei Kirchheim/Teck, Ostern 1938.

Vorbereitungen zu einem 'Rutscher' mit einer Grunau 9 in Neumühlenkamp/Pomm., Frühjahr 1939. Standardausstattung: Das „Schädelspaltverhütungspolster“ an der Strebe; Sonderausstattung: Ein mit Draht befestigter Trimm-Ziegelstein hinter dem Kufenbogen!

Grunau 9, D-2-19 „Schinoker“, wird in Neumühlenkamp auf die Rückhol-Karre gesetzt. Das schweißtreibende Schleppen und Schieben zum Startplatz steht noch bevor.

Die Mädchen der NSFK-Gruppe 11, Mainz, wollen beim Fliegen unter sich bleiben, nehmen dafür auch das Rückbringen ohne männliche Hilfe in Kauf. RRG „Zögling“, Mensfelder Kopf b/Limburg, September 1938.

Unten links: Ein Eigenbau-Zögling 35 (mit Boot) des NSFK-Sturmes Schwäbisch-Hall. Der vorgeschriebene „Trudelbecher“ (Sturzhelm) steigert die Unternehmungslust. Trotzdem werden's kaum mehr als 20 Sekunden werden.

Unten rechts: SG 38 mit Boot in der Halle von Holzkirchen/Bayern, September 1942. Die Bezeichnung SG=Schul-Gleiter wurde vielfach nach dem Konstrukteur auch als Schneider-Grunau ausgelegt.

Die Neubauten der Reichsschule für Segelflugsport in Rossitten, im Juni 1939. Das Verwaltungsgebäude ist von den beiden Flugzeughallen flankiert.

Ein wenig bekanntes Schulflugzeug: das Rossitten „Ass“. Hier wird ein „Ass mit Boot“ (Bo-Ro-Ass) mit Winde geschleppt. Anstelle des herkömmlichen Gitterrumpfes hat das Ass einen schlanken, rechteckigen Leitwerksträger. Rossitten, Juni 1939.

Knochenarbeit an der Rückholwinde in Neumühlenkamp/Pom., April 1939. Wer rutschen, springen oder gar fliegen will, kommt ums Kurbeln nicht herum.

Für Fortgeschrittene gedacht: Der Schleicher „Anfänger", mit großer Spannweite und Doppelstrebe. Der „Anfänger" ist nur in geringer Zahl bei den Segelfluggruppen eingeführt. Hier ein Exemplar mit Boot auf dem Dörnberg b/Kassel, 1937.

Gummiseil-Start eines Grunau „Baby I" in Hotzenwald b/Säckingen. Als Übungseinsitzer wird das „Baby" bis in die Jahre nach 1945 weltweit gebaut und geflogen.

Grunau „Baby II“, D-4-580, bei der Flugzeugführerschule Guben, Sommer 1938. Die Flugzeuge der Luftwaffen-Segelfluggruppen werden anfangs bei den regionalen NSFK-Gruppen überprüft und zugelassen.

Wenn man bereits aufgesetzt hat, sollte man möglichst nicht noch einmal nachdrücken, sonst Ergebnis – siehe Bild. „Baby II“, D-17-570, bei Graz, August 1941.

Die Schempp-Hirth Gö 1 „Wolf“ entspricht in Leistung und Aufbau dem Grunau „Baby“, wird jedoch in wesentlich geringeren Stückzahlen gebaut. Gö 1, D-11-189, Darmstadt-Griesheim 1939.

Leistungs-Segelflugzeug Schleicher „Rhönbussard“ auf einem Übungsgelände bei Graz. Bei einer Spannweite von 14,30 m, weist das Baumuster eine Gleitzahl von 1 : 20 auf.

Die Aufnahme dieses „Rhönbussard" der T.H. Berlin-Charlottenburg muß noch vor dem 22.Oktober 1937 entstanden sein, denn seit diesem Stichtag ist die Kennzeichnung der Flugzeuge mit einer Zahlenkombination vorgeschrieben.

Ein Baumuster der Flugtechnischen Fachgruppe der T.H. München, die Mü 13d. Das Rumpfkennzeichen weist den Hochleistungssegler als das 665. bei der NSFK-Gruppe 4 (Berlin-Kurmark) registrierte Flugzeug aus.

Segelflug für Könner. Nurflügelflugzeuge der Gebrüder Horten, mit Gleitzahlen um 1:30. Auf der Wasserkuppe 1938, ganz rechts eine Ho III (mit Vorflügel), dahinter zwei Exemplare der Ho II.

Zu der absoluten Weltspitze im Segelflug der Vorkriegsjahre zählt Wolfgang Späte (JG 54, JG 400, RK, EL). Ihm gelingen spektakuläre Ziel-und Höhenflüge. Späte stellt während der Kriegsjahre den ersten Me 163-Raketenjäger-Verband auf.

Beim NSFK ebenso als Schulzweisitzer eingeführt wie bei der Luftwaffe, der DFS „Kranich", ein Hans Jacobs-Entwurf. Trotz der Cellon-Fenster in den Tragflächen bleiben die Sichtverhältnisse für den hinteren Sitz mangelhaft. „Kranich" D-11-181, Darmstadt-Griesheim Mai 1939.

Der NSFK-Motorflugschule Dresden-Heller werden nach der Besetzung der Rest-Tschechoslowakei etwa 15 Schulflugzeuge Praga E 241 zugewiesen, mit denen die Flugschüler schlecht zurechtkommen. Die Folge ist eine Reihe mehr oder weniger schwerer Unfälle. Überschlag der D-IEBK bei einer Außenlandung.

Wegen einer Motorstörung beim Start überrollt Flugschüler Rössler die Platzgrenze und gerät in das angrenzende Waldgelände. Dresden-Heller, August 1939, E 241, D-IFLX.

Flugschüler Fritz Klees vor einer Praga E 241 der Schule in Dresden-Heller. Bis Kriegsbeginn befinden sich etwa 20 solcher NSFK-Motorflugschulen in der Aufbauphase.

Bei Kriegsausbruch eingeführte Luftwaffen-Schulflugzeuge im Bild. Obgleich im Dezember 1938 eine Anordnung ergeht, eine Ausstattung der FFS mit Bü 131 möglichst nicht vorzusehen, erscheint das Baumuster bei nahezu allen Ausbildungsstätten. Bü 131B, D-EMJA, mit Hirth HM 504-Motor, 105 PS.

Als Kunstflugtrainer bleibt der Bücker Bü 133 „Jungmeister“ bei den Flugzeugführerschulen Mangelware. Die meisten Exemplare werden an die Jagdfliegerschulen geliefert. Bü 133D, D-EDTV, der NSFK-Motorflugschule Dresden-Heller, August 1939.

Die Aufnahme der Bü 133, D-EQOA, zeigt deutlich das gepfeilte Tragwerk mit rechteckigem Mittelstück und die in den Rumpfquerschnitt eingestrakte Kopfstütze.

Seit Frühjahr 1934 wird der He 72 „Kadett" vermehrt an die einzelnen Fliegerschulen ausgeliefert. He 72D, D-ENME, bei der FFS (See) Stettin, August 1938.

Parallel zur He 72 läuft die Produktion des Fw 44 „Stieglitz“ an; in beiden Baumustern findet der Siemens-Halske Sh 14A Verwendung. Verbandsflug mit Fw 44 bei der Schule/FAR 14 Detmold, im Mai 1939.

Durch stufenweise strukturelle Verbesserungen des Grundmodells L 20 entsteht bei Klemm das Luftwaffen-Schulflugzeug Kl 35. Hier die Version „B“ mit Einbeinfahrwerk (Radverkleidungen abgenommen) im April 1940 bei der Sch./FAR 72 Markersdorf. – Rechts: Kl 35B, bei der das Radfahrwerk gegen Schneekufen ausgetauscht ist. Diese Kastenkufen gehen nur in die Erprobung; als Umrüstsatz werden schließlich flache Ski-Kufen beigegeben.

Glücklos bleibt der Bücker-Flugzeugbau mit dem als Tiefdecker-Schulflugzeug angebotenen Bü 180 „Student", er wird als zu schwachmotorig abgelehnt. Mit einem 55 PS Zündapp 9-092-Motor hätte er nur als einsitziges Übungsflugzeug Verwendung finden können. 180A-1, D-EBRQ, in Rangsdorf.

Mit Konstruktionen ihres Direktors Hopfner ist die Flugzeug-Abteilung der Hirtenberger Patronenfabrik Hauptlieferant von Schulflugzeugen für die Österreichische Fliegertruppe bis 1938. Nach der Einverleibung des österreichischen Territoriums in das Deutsche Reich werden die vorhandenen Schulflugzeuge in die Luftwaffe übernommen; ein Weiterbau erfolgt jedoch nicht. Hopfner HS 9 mit Sh 14A in Wien-Aspern, März 1938.

Kabine der Siebel Si 202 „Hummel" mit nebeneinanderliegenden Sitzen und Doppelsteuer. Mit Zündapp-Triebwerk 9-092 zu leistungsschwach, bleibt es bei einer kleinen Serie für Reiseflüge innerhalb der Nachschub- und Instandhaltungsorganisation. Insgesamt werden 66 Flugzeuge gebaut.

Bei idealer Sitzanordnung nebeneinander, Einziehfahrwerk und genügend starkem (105 PS) HM 504-Motor wird Ende 1938 die Arado Ar 79 als Schulflugzeug erprobt. Die Akzeptanz bei der Luftwaffe scheitert an den zu hohen Herstellungs- und Wartungskosten.

Als Konkurrenzmuster zur Bü 181 „Bestmann“ nimmt Klemm mit seiner Kl 105 an der Ausschreibung 1938 teil. Die erhofften Flugleistungen bleiben wegen des zu schwachen Zündapp-Motors jedoch weit hinter den Erwartungen zurück; sie entsprechen in etwa denen der Bü 180 „Student“. Es wurden nur Einzelexemplare gebaut und als Reiseflugzeuge eingesetzt.

Für B-Schulbetrieb hat die Ar 66c seit 1933 Eingang bei den Fliegerschulen gefunden und bleibt bis Mitte 1943 in der Produktion. Das Bild zeigt die Ausbildung von technischem Personal beim Arado-Lehrgang in Drewitz b/Babelsberg, Juli 1936.

Aus der gleichen Ausschreibung (Schulflugzeug B1) geht auch die Go 145 hervor. Wie die Ar 66 mit einem As 10c ausgestattet, erleidet die Go 145 ab 1943 das gleiche Schicksal wie die Arado: Fronteinsatz bei Nachtschlacht-Gruppen an der Ostfront. Das Photo zeigt die Go 145A WL+IDYB der Sch./FAR 41 Frankfurt/Oder, Februar 1940.

Mit einer Kabinenabdeckung wird von der Gothaer Waggonfabrik die Go 145D 1937 zu einem Reise- und Schulflugzeug umgebaut. Es bleibt beim Bau eines Prototyps mit dem Kennzeichen D-IDCD.

In die Kategorie Übungseinsitzer und Behelfsjagdflugzeug sind Ar 76, Fw 56, He 74 und Hs 121 einzuordnen. Seit 1935 finden diese Baumuster in der Jagdflieger-Vorschulung Verwendung. Ar 76A D-IRAS, W. Nr. 364, während der Mustererprobung in Rechlin 1935.

Beim Vergleichsfliegen der vorgenannten Einsitzer schneidet der Fw 56 „Stößer“ am günstigsten ab, geht entsprechend auch mit höchsten Auftragszahlen in die Produktion. Nur bei ganz wenigen Exemplaren gelangt der Rüstsatz 2 x MG 17 zum Einbau. Fw 56A, D-IXEA, der LKS Berlin-Gatow, September 1937.

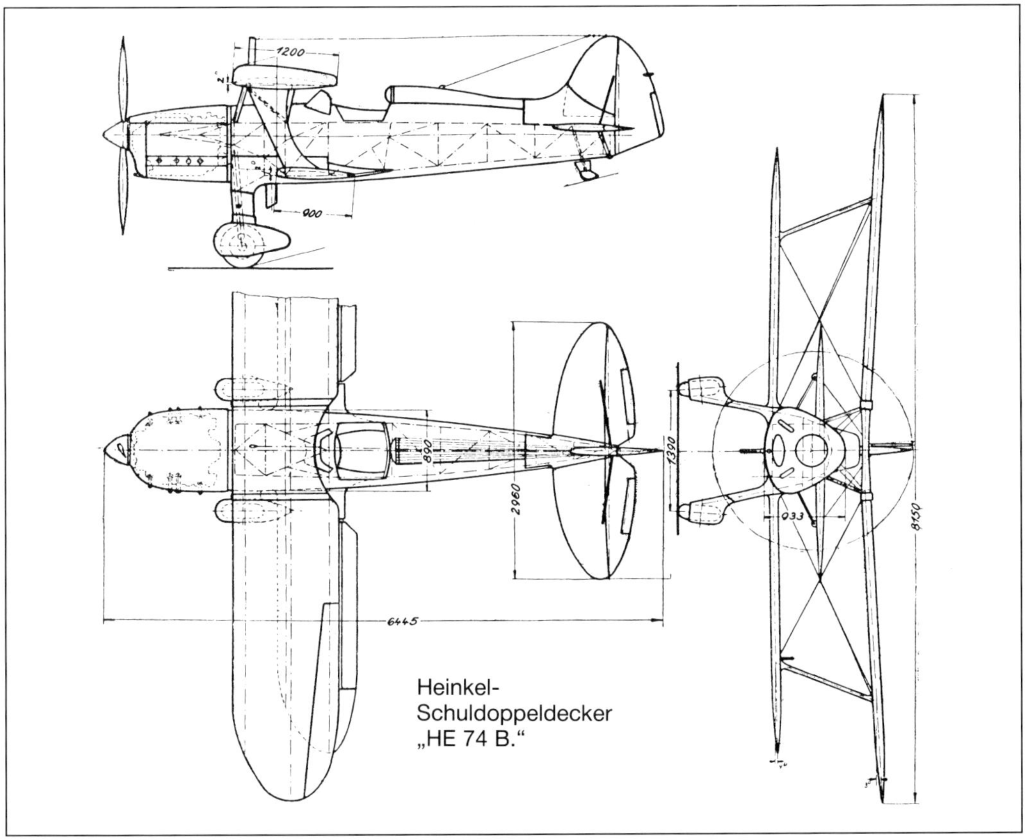

Wie bei der Hs 121 (2 Exemplare) bleibt es auch beim Heinkel-Mitbewerber He 74, dem einzigen Doppeldecker der Konkurrenz, beim Bau weniger Versuchsmuster (Stückzahl 8). Dreiseitenansicht der He 74B.

Als Übungsflugzeug, mit Einbaumöglichkeit für eine starre und eine bewegliche Waffe, läuft seit 1939 die Arado Ar 96 vom Band. Während des Krieges bei mehreren Zweigwerken (AGO, Avia, Letov) hergestellt, beläuft sich 1944 die Gesamtzahl auf etwa 2 800 gebaute Exemplare. Ar 96B, D-INDQ, mit As 410, 465 PS.

Das ehemalige Frachtflugzeug Junkers W 33 schlüpft Mitte der 30er Jahre immer mehr in die Rolle eines B2-Schulflugzeuges. Die Ablehnung des Baumusters bei den Schulen resultiert aus der mäßigen Startleistung des Ju L5-Motors und führt zu dem Verbot, die W 33 auf Flugplätzen höher als 100 m ü. NN einzusetzen. Frühe W 33b1 mit offenem Führerraum, Holz-Luftschraube und Fahrwerk-Schwingachse. FFS Oldenburg 1936.

Aus der W 33 hervorgegangen, wird auch die W 34 zu einem Schul- und Behelfskampfflugzeug umfunktioniert und zur Ausbildung für Navigations-, Instrumenten- und Blindflug den Schulen zugewiesen. W 34hi (BMW 132A), D-OKUX, der FFS Halberstadt, November 1937.

Mit dem stärkeren Bramo 322 (715 PS) ist die W 34hau der hi-Variante leistungsmäßig überlegen. Sie neigt durch das höhere Motorgewicht aber auch eher zur Kopflastigkeit, die sich besonders beim Landen und Rollen bemerkbar macht. Zum Beweis W 34hau, D-OQIK, beim Ausrollen und Bremsen zu einem „Fliegerdenkmal" aufgerichtet.

Versuchsmuster V 3 D-ABUO der Fw 58 „Weihe“. Die noch rohe aerodynamische Formgebung macht bei den Serienflugzeugen einer eleganteren Auslegung Platz. Der offene Bugstand mit Drehring D 30 wird bei der B-Version in eine verglaste Kuppel-Lafette umgewandelt, der D 30 hinter dem Kabinenaufbau bleibt erhalten.

Arado kann mit seiner 1935 parallel zur Fw 58 entwickelten Ar 77 die Konkurrenz nicht ausstechen. Das starre verkleidete Fahrwerk drückt Steigvermögen, Höchstgeschwindigkeit und macht dazu das Flugzeug um die Längsachse träge. Ar 77V, D-ABIM, 2 x As 10C, Rechlin 1936.

Die Arado Ar 199 ist für Ausbildung (See) mit nebeneinanderliegenden Sitzen entworfen. Eine Auftragsvergabe scheitert an der Übernahme von reichlich vorhandenen He 60-Schwimmerflugzeugen in den Bereich Chef des Ausbildungswesens. Ar 199V 2, D-ISBC, As 410C.

Ehemalige Küsten-Aufklärungsflugzeuge He 60 vor der Überführung zur FFS (See) Warnemünde. Mit einem BMW VI als Schulflugzeug etwas starkmotorig, dient die He 60 als Umsteigemuster auf mehrmotorige Schwimmerflugzeuge.

Dornier hätte für sein Mehrzweckflugzeug Do 22 gerne eine ähnliche Umwidmung wie Heinkel mit der He 60 gesehen, findet jedoch von Anfang an mit dem Hochdecker keine Gegenliebe beim RLM. Von dort wird die Do 22 für den Export freigegeben und an Jugoslawien, Griechenland und Lettland geliefert.

Auch bei Arado wird mit der Ar 95 am Bedarf vorbeigebaut. Leistungsmäßig unter der geforderten Norm, gibt das RLM seine Zustimmung zur Lieferung einiger Vorserien-Maschinen an Chile. Die restlichen Exemplare werden für Schulzwecke verwendet und schließlich der 3. Staffel/Seeaufklärungsgruppe 125 im Baltikum zugewiesen.

Flugfeld Gelsenkirchen-Buer bei Kriegsende. Der Platz, südlich der Autobahntrasse, war als Flieger-Übungsstelle und FFS (E) vor Kriegsbeginn stark frequentiert, blieb danach wegen der unmittelbaren Stadtnähe von einer Dauerbelegung ausgeschlossen. Die geringen Bombenschäden zeigen an, daß dies auch den Alliierten bekannt war, und sie deshalb der westlich davon gelegenen Raffinerie Bottrop-Boy wesentlich mehr Aufmerksamkeit schenkten.

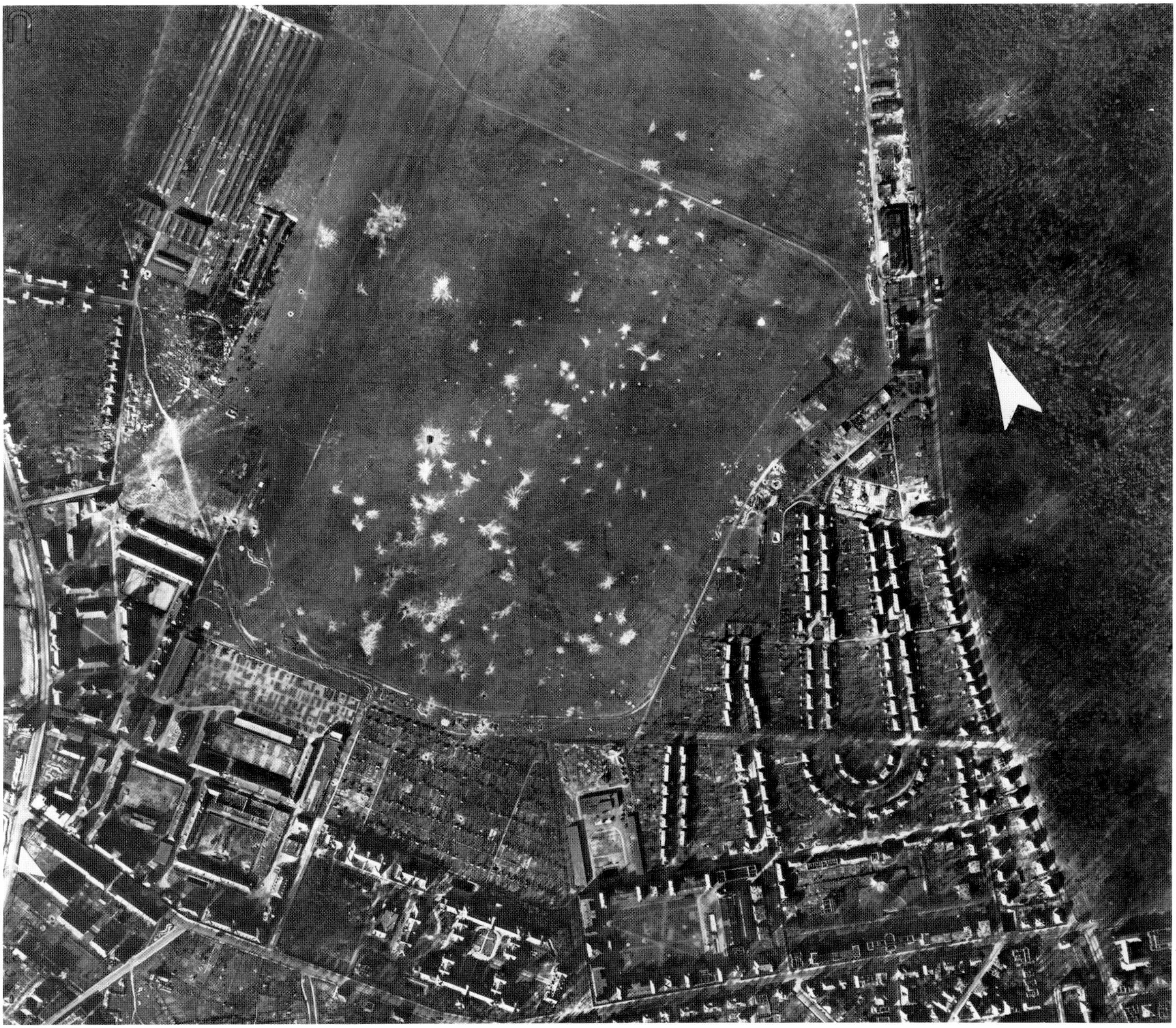

Flughafen Karlsruhe am nördlichen Stadtrand. In den Jahren bis 1940 eine der süddeutschen Flieger-Übungsstellen, danach in eine FFS (E) umgewandelt. Während des Krieges aus ähnlichen Überlegungen wie bei Gelsenkirchen-Buer nur zeitweise belegt. Am unteren Bildrand links die Unterkunftsgebäude, rechts oben Hangars und Werft, links oben die Schießstände.

5. Auflistung der Schulen

5 a. Fluglehrerschule der Luftwaffe

Nach Beendigung der Bauarbeiten im Flughafenbereich Brandenburg-Briest erfolgt Anlaufen des Lehr- und Schulbetriebes im Juli/August 1939. Die Fluglehrerschule besteht bis November 1944 mit Ausbildungskommandos in Altengrabow und Aschersleben sowie Flugzeugführer-Überprüfungslehrgängen LF und ELF in Quedlinburg, Prenzlau und Fürstenwalde. Aufgabenbereich: Ausbildung von Fluglehrern für A-, B- und C-Lehrschein; periodische Überprüfungskurse für das Fluglehrerkorps.
Kommandeur: Oberstltn. (Gen.Maj.) Otto Fruhner

5 b. Flugzeugführerschulen A/B

Diese Schulen vermitteln über theoretische Ausbildung in Flugzeugkunde, Motorenkunde, Werkstoffkunde, Strömungs- und Bewegungslehre, Wetterkunde, Luftgeographie, Navigation etc. die Grundbegriffe zur Führung von Luftfahrzeugen der Zulassungsklassen A1 bis B2. Entsprechend setzt sich der Flugzeugpark aus Flugzeugen dieser Kategorien zusammen:

A1	: Leichtflugzeuge: ganz vereinzelt Klemm L 20
A2/Land	: Alb.L 101, Bü 131, Bü 133, Bü 181, Fw 44, He 72, Kl L 25, Kl L 26, Kl 32, Kl 35
A2/See	: – . –
B1/Land	: Ar 65, Ar 66, Ar 68, Ar 76, Ar 96, Fi 156, Fw 56, Go 145, He 45, He 46, He 50, He 51, Bf 108
B1/See	: He 42, He 60, He 114
B2/Land	: Fw 58, He 70, Ju F 13, Ju W 33, Ju W 34, Si 204
B2/See	: Ju W 33, Ju W 34

Neben rein deutschen Baumustern erscheinen jedoch mit Fortdauer des Krieges auch Schulflugzeuge aus Fremdländern, wie Tschechoslowakei, Polen, Frankreich, Holland, Rußland, Italien. Zusätzlich zu den Flugzeugführerschulen, die einem Fliegerausbildungsregiment (FAR) angegliedert sind, existieren nun auch selbstständige FFS, numerisch 1 – 10 und ab 110. Beide Kategorien erscheinen mit Herausnahme aus dem Befehlsbereich „Gen. der Fliegerausbildung" und Unterstellung „Ausbildungsfliegerdivision" (Oktober 1943) generell als Flugzeugführerschulen A, jedoch bei gleichbleibendem Ausbildungsbetrieb, d.h. A/B. Zu dieser Zeit hatte aus Gründen der Einsparung von Treibstoff bei den FFS A und LKS vor der Motorflugeinweisung bereits eine vorbereitende Segelflug-Ausbildung eingesetzt, wobei mit Befehl vom 2.11.1943 alle bisherigen Luftwaffen-Segelfluggruppen bei den Fliegerhorstkommandanturen aufgelöst wurden.
Mit Dislozierung der FAR und Erweiterung derer Verwendung war ab 1.10.1941 die Bezeichnung Schule/FAR ... der neuen Namensgebung FFS A/B ..., unter Beibehaltung der Nummer des FAR gewichen. Die Auflösung der Schulen gegen Kriegsende wird schließlich wegen Treibstoffmangel erforderlich, wozu zusätzlich die Einsicht beiträgt, eine notwendige weiterführende Waffen-Spezialausbildung ohnehin nicht mehr durchführen zu können. Für einige der FFS sind präzise Auflösungsbefehle bekannt, bei anderen läuft der Flugbetrieb einfach aus, wobei das Personal zu anderen Einheiten kommandiert wird.
Das Soll an Fluggerät ist bei Kriegsbeginn für die einzelne Schule festgelegt mit:

45 A2-Flugzeugen
21 B1-Flugzeugen
30 B2-Flugzeugen

Als Ausbildungszeit werden 11 – 12 Monate angesetzt, wobei in den Jahren 1942/43 eine Ausbringung von 30 fertig ausgebildeten Flugzeugführern pro Monat angestrebt wird. Entsprechenden Personalbestand weisen demnach auch die einzelnen Schülergruppen auf. Das Stammpersonal der einzelnen Schulen bewegt sich zwischen 400 – 500 Offizieren, Unteroffizieren, Mannschaften und Wehrmachtsbeamten.
Einem Großteil der A/B-Schulen wird zu Beginn des Rußland-Feldzuges befohlen, Kurier- und Verbindungsstaffeln aufzustellen und hierfür Personal und Flugzeuge abzustellen. Die Einheiten, in Staffelstärke, werden danach überwiegend an der Ostfront einzelnen AOK's, Heeresgruppen, Luftflotten und ähnlichen Kommandostellen unterstellt, kehren aber teilweise nach Personalaustausch mit Frontverbänden wieder an die Schulen zurück.
Nach Erfüllung der Bedingungen zum Flugausweis B wird der Luftwaffen-Flugzeugführerschein (LF) ausgestellt; er berechtigt zur weiteren Ausbildung auf entsprechenden Fliegerwaffenschulen oder Weiterqualifikation auf C-Schulen.
Um einen Stau beim Andrang von Bewerbern für die Flugzeugführerausbildung aufzufangen, werden in den Jahren 1940/41 einige Fluganwärterbataillone aufgestellt, denen die Aufgabe obliegt, die Bewerber zu sammeln, sie in einer etwa 3-monatigen Dienstzeit theoretisch vorzubilden, zum Uffz.-Anwärter vorzubereiten und schließlich aufgrund der Anstelligkeit des einzelnen eine Auswahl zur Überstellung auf FFS zu treffen. Als Beispiel soll hier das wohl bekannteste Fluganwärterbataillon „Monte Rosa" stehen, das im Januar 1940 in Stettin aufgestellt und mit Stab und fünf Kompanien an Bord des Passagierschiffes „Monte Rosa" kaserniert wird. Der Name des Bataillons wird im Oktober 1941 in Fluganwärterbtl. I geändert. Im Juni 1942 gibt das Btl. die „Monte Rosa" im Warthehafen von Stettin als Quartier auf und wird auf dem Landweg in den Raum Brest – St. Brieux – Dinan verlegt. Aufgrund des Auflösebefehls für alle Fluganw.-Bataillone (Dezember 1942) wird die fliegerisch-theoretische Ausbildung eingestellt und nach Umbenennung der Einheit in I./Fliegerregiment 90 der Aufgabenbereich auf Platzschutz der Stationierungsorte und Alarmeinsätze im Küstenstreifen umgewandelt.

FFS A/B 1

Entstanden aus Fl.-Üb.-Stelle Görlitz, im Januar 1940 als A/B 1 Görlitz etatisiert. Hauptplatz Görlitz, Arbeitsplatz Bautzen-Litten. Ab 15.10.1943 neue Bezeichnung A 1. Einstellung des Schulbetriebes im Oktober 1944.
Kdr.: Oberstltn. von Braun

FFS A/B 2

Urzelle ist die Fl.-Üb.-Stelle Hannover-Vahrenwalderheide. Verlegt von dort im Sept. 1939 als A/B 2 nach Magdeburg-Süd, dann weiter im Januar 1940 nach Deblin-Irena, südl. Warschau, zusammen mit Sch./FAR 21. Dort in Sch./FAR 21 aufgegangen.
Kdr.: ?
Durch Teilverlegung der A/B 21 Deblin nach Luxeuil les Bains/Frankr. wird dort eine neue A/B 2 gebildet. Hauptplatz Luxeuil, Arbeitsplatz Straßburg-Polygon. Ab Mai 1942 Aufnahme von Teilen der A/B 120 Prenzlau. Seit 15.10.1943 FFS A 2; im August 1944 Auslaufen der Schulung.
Kdr.: Oberst Beaulieu.

FFS A/B 3

Die Schule hat ihren Ursprung in der Fl.-Üb.-Stelle Guben, nordöstl. Cottbus. Eine für April 1939 geplante Verlegung nach Sprottau entfällt. Seit Sept. 1939 A/B 3 mit Hauptplatz Guben; Arbeitsplätze Drewitz und Neuhausen b/Cottbus, und Segelflug in Briesen/nordwestl. Cottbus. Im September 1943 Eingliederung der A/B 113 Brünn und Umbenennung in Doppelschule A 3 Guben. Einstellung des Schulbetriebes im September 1944.
Kdr.: Oberstltn. Dr. Gossner

FFS A/B 4

Entstehung aus Fl.-Üb.-Stelle Nürnberg. Nach deren Auflösung im April 1939 Personal und Flugzeugpark ab Sept. 1939 nach Prag-Gbell. Dort Namensgebung A/B 4. Hauptplatz Prag-Gbell, Arbeitsplätze Letnany, Kralup und Kletzan. Verlegung im Juli 1941 nach Neudorf/Oppeln (dortige A/B 116 geht zuvor nach Göppingen). Hauptplatz Neudorf, Segelflug in Ottmuth b/Odergrund. Flugbetrieb ab November 1944 auslaufend.
Kdr.: Maj. (Oberstltn.) Hülsewig

FFS A/B 5

Grundzelle ist die FFS E Seerappen/Ostpr.. Im Oktober 1939 Umbenennung in A/B 5 Seerappen. März 1941 in in A/B 33 Quakenbrück eingegliedert und nach dort verlegt.

Kdr.: Oberst Milz

Im Laufe des Jahres 1944 Neuaufstellung einer A 5 in Gablingen b/Augsburg und Ausbildungsbetrieb bis Februar 1945.

Kdr.: ?

FFS A/B 6

Während der Aufstellung der Reichsschule für Motorflugsport Danzig-Langfuhr (aus Abgaben der R.f.M.S. Dresden-Heller), im November 1939 Umbenennung in A/B 6 Danzig-Langfuhr. Ab August 1940 Eingliederung von Personal und Flugzeugen der Sch./FAR 52 Halberstadt. Ab Juni 1942 Umbenennung in Sch./FAR 52 (s. dort). Hauptplatz Langfuhr, Arb.-Plätze Strebielin und Praust.

Kdr.: Oberst Dahlmann

FFS A/B 7

Entstanden aus Fl.-Üb.-Stelle Plauen/Vogtl.. Seit Oktober 1939 A/B 7, Auflösung im Juni 1943. Hauptplatz Plauen, Arb.-Platz Chemnitz.

Kdr.: ?

Ab Februar 1944 existiert in Schweinfurt eine A 7, Aufstellungsdatum bzw. Ortswechsel nicht nachweisbar. Flugbetrieb bis Januar 1945.

Kdr.: Maj. Dilley

FFS A/B 8

Neuaufstellung im Dezember 1939 in Marienbad als A/B 8. Wird im Oktober 1940 Sch./FAR 63 (s. dort). Hauptplatz Marienbad, Arbeitsplatz Vilseck bei Grafenwöhr.

Kdr.: ?

FFS A/B 9

Neuaufstellung im Dezember 1939 in Grottkau/Nd. Schlesien. Hauptplatz Grottkau, Arbeitsplätze Stephansdorf b/Neisse und Roßweide, Segelflug in Woisselsdorf. Nimmt im Februar 1944 die A 32 Pardubitz auf und wird damit Doppelschule A 9. Im Februar 1945 Verlegung nach Weimar-Nohra, dort im gleichen Monat Auflösung.

Kdr.: Oberst Muggenthaler, Oberst Ziegler,
Oberst Wechmar.

FFS A/B 10

Durch Umbenennung der Flea. 11 Neukuhren am 1.11.1938 in Flea. 10 Neukuhren in Betrieb bis Mai 1940 als Sch./FAR 10. Danach Aufgehen in A/B 125 Neukuhren (s. dort). Hauptplatz Neukuhren.

Kdr.: Maj. Benz, Maj. Klein, Oberst Biber,
Oberst Sommer.

Im Juni 1940 Aufstellung der A/B 10 Warnemünde mit Hauptplatz Warnemünde und Arbeitsplätzen Volkenshagen b/Rostock, Güstrow und Aunøe/Seeland (Dänemark). Nimmt im Oktober 1943 eine weitere (unbekannte) A/B-Schule auf, wird damit Doppelschule A 10 Warnemünde. Letzter nachweisbarer Schulbetrieb im Februar 1945.

Kdr.: Oberst Schwarz, Oberst Schulz.

Schule/FAR 11

Flugzeugführerschule des Fliegerausbildungsregimentes 11 in Schönwalde (zuvor Flea. 42, seit 1.10.1937 Flea. 12, seit 1.11.1938 Flea. 11). Hauptplatz Schönwalde b/Berlin, Arbeitsplätze Gardelegen und Friedersdorf. Verlegung im August 1943 nach Neukuhren/Ostpr., dort Zusammenschluß mit A/B 125 zur Doppelschule A 125 Neukuhren (s. dort).

Kdr.: Oberstltn. Graf Luckner, Oberstltn. Schramm, Oberstltn. Ledebour, Oberst Kruse.

Sch./FAR 12

FFS des FAR 12 Königsberg/Neumark (südl. Stettin). Ursprünglich FFS Hagenow der Flea. 12 Münster-Handorf. Verlegung im November 1939 nach Königsberg/Nm. Dort Schulbetrieb auf Hauptplatz Königsberg und Arbeitsplätzen Mohrin und Märkisch-Friedland. Im Mai 1943 Verlegung nach Prenzlau/Uckermark. Im Dezember 1943 Eingliederung der A 71 Proßnitz, wird dadurch Doppelschule A 12 Prenzlau. Hauptplatz Prenzlau, Arbeitsplätze Pasewalk und Salzwedel. Segelflug bei Rutenberg/südöstl. Neustrelitz. Im Februar 1945 Einstellung der fliegerischen Ausbildung.

Kdr.: Maj. (Oberst) Kurth, Oberst Neufang.

Sch./FAR 13

FFS des FAR 13 Neubiberg. Verlegt im November 1939 nach Pilsen, dort der Hauptpatz; Arbeitsplätze Klattau, Chiesch, Cham/Oberpfalz, Ergolding b/Landshut. Rückverlegung nach Neubiberg im April 1943, dort Auflösung im Juni 1943.

Kdr.: Oberstltn. Grube, Oberstltn. Kuhn,
Oberstltn. Bruck.

Sch./FAR 14

FFS des FAR 14 Klagenfurt, im Dezember 1938 als Flea. 14 aufgestellt. Hauptplatz Klagenfurt, Arbeitsplätze Aigen, Zollfeld und Pocking. Auslaufen der Schulung im November 1944.

Kdr.: Oberst Gyzer, Oberstltn. Böhnke,
Oberst Hermann.

Sch./FAR 21

FFS des FAR. 21 Magdeburg-Ost. Unter Einbeziehung der A/B 2 Magdeburg-Süd im Januar 1940 nach Deblin-Irena verlegt. Hauptplatz Magdeburg-Süd, nach Verlegung Deblin-Irena; dort Arbeitsplätze Ulec, Pulawy b/Lublin, Swidnik b/Lublin. Die A/B 21 verlegt im Juni 1941 mit Teilen nach Luxeuil/Frankr. und bildet dort den Kern der A/B 2. Zum gleichen Zeitpunkt gehen einige Ausbildungsgruppen nach Metz-Diedenhofen (Thionville) und werden dort Stamm der A/B 124.

Kdr.: Maj. Brocke.

Sch./FAR 22
FFS des FAR 22 Neustadt-Glewe, aufgestellt im August 1939. Geht im Oktober 1940 auf in Sch./FAR 42. Hauptplatz Neustadt, Arbeitsplätze Parchim und Besendorf.
Kdr.: ?

Sch./FAR 23
FFS des FAR 23 Kaufbeuren (ehemals Flea. 25 Kaufbeuren). Ausbildung auf dem Stammplatz Kaufbeuren bis November 1939. Wegen Räumung des Platzes für einen Frontverband Verlegung nach Jüterbog-Damm mit Arbeitsplatz Reinsdorf. Im Juni 1940 wieder nach Kaufbeuren zurück. dazu ständige Arbeitsplätze Kempten-Durach, Bad Wörishofen und Reichenbach b/Saulgau. Segelflug in Krumbach b/Meßkirch. Seit Mitte 1944 eingeschränkter Ausbildungsbetrieb bis März 1945. Auflösebefehl Anfang April 1945.
Kdr.: Oberstltn. Vrbanic, Oberst Schanin,
Oberstltn. Jahnke.

Sch./FAR 24
FFS des FAR 24 Krems-Feuersbrunn, aufgestellt am 1.3.1939, mit Schulbetrieb auf dem Flugplatz Parndorf/südöstl. Wien. Im Oktober 1939 Verlegung nach Wischau b/Brünn, im gleichen Monat Endverlegung nach Olmütz (Olomouc)/Mähren. Ausbildungsflüge auf Hauptplatz Olmütz und den Arbeitsplätzen Prerau und Holitz. Im Februar 1943 Verlegung nach Kitzingen/Main, von dort bereits im Juni 1943 endgültige Stationierung in Straubing und Verschmelzung mit der dortigen A/B 121 zur Doppelschule A 121.
Kdr.: ?

Sch./FAR 31
FFS des FAR 31 Heiligenbeil. Schule beginnt erst nach der Verlegung nach Posen, im Januar 1940, mit dem Ausbildungsbetrieb. Nachweisbar bis Juni 1941 mit Hauptplatz Posen und Arbeitsplätzen Schroda-Ost und Schroda-Süd. 17.6.1941 A/B 126 Gotha.
Kdr.: Oberstltn. Kaus

Sch./FAR 32
FFS Oldenburg i./Oldbg. des FAR 32 Uetersen (ehem. Flea. 37). Die Schule geht ab 1.9.1939 nach Pardubitz/Böhmen mit dem Hauptplatz Pardubitz (Pardubice) und den Arbeitsplätzen Chrudim, Sbraslawitz, Skutsch. Im Februar 1944 Verlegung nach Grottkau, dort Zusammenschluß zur Doppelschule A 9 Grottkau (s. dort).
Kdr.: Oberst Schütz, Oberstltn. Schröder,
Maj. Otto Rödiger, Oberstltn. Brunow

Sch./FAR 33
FFS des FAR 33 Ingolstadt. Ursprüngliche Aufstellung ab 1.12.1938 in Darmstadt geplant; wegen fehlender Platzeinrichtungen jedoch Stationierung und Flugbetrieb in Ingolstadt mit Arbeitsplatz Dornstadt b/Ulm. Verlegung des FAR 33 am 1.11.1939 nach Königsberg/Ostpr., dabei fliegerische Ausbildung in Elbing. Erneute Verlegung im Januar 1941 nach Quakenbrück als Hauptplatz, mit Arbeitsplätzen Plantlünne, Diepholz und Hopsten. Verbleib bis Juli 1942, danach Stationierung in Altenburg/Thür. Hauptplatz Altenburg, Arbeitsplätze Jena-Rödigen und Delitzsch/nördl. Dresden. Ab Mai 1943 Umwandlung in Blindflugschule 10 (einmot. Jagd) ohne Platzwechsel.
Kdr.: Maj. Dangers, Hptm. Rall.

Sch./FAR 41
FFS des FAR 41 Frankfurt/Oder durch Umwandlung der Fl.-Üb.-Stelle Frankfurt/O.. Arbeitsplätze Eggersdorf/Krs. Strausberg und Drewitz/Krs. Guben. Schulbetrieb bis Januar 1945.
Kdr.: Oberstltn. Fischer, genannt „Muko" (= Muster-Kommandeur).

Sch./FAR 42
FFS Salzwedel des FAR 42 Stade (ehem. Flea. 47 Stade). Schule verlegt im September 1939 nach Prenzlau/Uckermark, von dort im September 1940 nach Neustadt-Glewe. Dort Vereinnahmung der Sch./FAR 22. Hauptplatz Neustadt, Arbeitsplatz Aunøe/Seeland (Dänem.). Erneute Verlegung im September 1942 nach Langensalza, und weiter im September 1943 nach Helmstedt mit Arbeitsplatz Braunschweig-Broitzem. Auslaufen der Ausbildung im November 1944.
Kdr.: Oberst Klimke, Maj. Schleicher.

Sch./FAR 43
FFS des FAR 43 Crailsheim, als Flea. 43 am 1.3.1939 aufgestellt. Die Flea. übernimmt die Schule Schleißheim, die im April 1939 nach Crailsheim verlegt. Schulbetrieb bis Oktober 1939, dann wegen Belegung des Platzes mit einem Frontverband erfolgt Umsetzung der Schule nach Proßnitz/Mähren. Im August 1940 Rückverlegung nach Crailsheim. Nimmt als Doppelschule A 43 im Oktober 1943 die A/B 124 Metz-Diedenhofen (Thionville) auf. Hauptplatz Crailsheim, Arbeitsplätze Böblingen, Deiningen, Niederstetten, Nellingen, Amberg-Schafhof, Nürnberg und (bis Mai 1944) Diedenhofen. Einstellen der Schulung im Januar 1945.
Kdr.: Oberst Buchner, Oberstltn. Schlack.

Sch./FAR 51
FFS des FAR 51 Weimar-Nohra (ehem. Flea. 13 Weimar-Nohra). Im Oktober 1936 aus der Fl.-Ausb.-Stelle Weimar-Nohra in eine Luftwaffenschule umgewandelt. Verlegt im Januar 1940 nach Heiligenbeil/Ostpr., von dort im Dezember 1941 nach Elbing. Mit Abgaben von Personal und Flugzeugen nach Schweinfurt, im Februar 1943, entsteht dort eine C-Schule, die FFS (C) 1 (s. dort).
Kdr.: Maj. Wohlers.

Sch./FAR 52
FFS des FAR 52 Halberstadt (ehem. Flea. 22), mit Arbeitsplatz Wernigerode. Die Schule geht im August 1940 nach Danzig-Langfuhr und füllt die dortige FFS A/B 6 mit

Flugzeugen und Personal auf, wird dabei voll in die A/B 6 integriert. Ab Juni 1941 endgültige Umbenennung A/B 6 in A/B 52, damit alte Unterstellung wiederhergestellt. Hauptplatz Langfuhr, Arbeitsplätze Strebielin und Putzig. Verlegung im Januar 1945 nach Celle, dort Auflösung.

Kdr.: Maj. Voss.

Sch./FAR 53

Am 1.12.1938 wird eine Flea. 53 Plattling (vorläuf. Straubing) mit angegliederter Schule aufgestellt. Es hat den Anschein, daß Personal und Flugzeuge noch in der Aufbauphase an die FFS A/B 5 Seerappen abgegeben wurden.

Kdr.: ?

Sch./FAR 61

FFS des FAR 61 Oschatz (ehem. Flea. 23 Oschatz). Die Flugzeugführerschule Oschatz war im September 1936 durch Umwandlung der Fl.-Üb.-Stelle Dresden-Rähnitz entstanden und ist im Februar 1939 durch Vereinnahmung der Fl.-Waffenschule E Leipzig auf Sollstärke gebracht worden. Verbleibt bis April 1944 in Oschatz mit Hauptplatz Oschatz und Arbeitsplätzen Riesa-Canitz und Dresden-Heller. Mai 1944 Verlegung nach Werder/Havel; dort Schulbetrieb bis Dezember 1944.

Kdr.: Maj. Neufang, Maj. Bosk.

Sch./FAR 62

FFS des FAR 62 Quedlinburg (ehem. Flea. 12 Quedlinburg), mit Hauptplatz Quedlinburg und Arbeitsplätzen Aschersleben und Ballenstedt. Der Befehl, im November 1939 nach Bad Vöslau/südl. Wien zu verlegen, wird wegen rückständiger Ausbauarbeiten erst im März 1940 durchgeführt. Hauptplatz Bad Vöslau, Arbeitsplätze Trausdorf/Burgenland und Eisenstadt. Im Juli 1943 Umwandlung in eine Jagdfliegerschule (JG 108) unter Beibehaltung des Stationierungsortes.

Kdr.: Maj. (Oberstltn.) Wanner.

Sch./FAR 63

FFS des FAR 63 Eger (Aufstellung 1.12.1938 als Flea. 63 Eger). Im Frühjahr 1940 Verlegung nach Marienbad und Übernahme der dortigen A/B 8 im Oktober 1940. Ab 1.10.1941 Benennung FFS A/B 63 (zuvor Sch./FAR 63). Auflösung und Abgabe von Personal und Gerät an andere Schulen etwa Juni 1942. Hauptplatz Marienbad, Arbeitsplätze Karlsbad und Vilseck b/Grafenwöhr.

Kdr.: ?

Sch./FAR 71

FFS des FAR 71 Sorau, mit Schulbetrieb in Guben, dabei der A/B 3 unterstellt. Aus Abgaben der ehemal. FFS E Breslau-Gandau und der kurzzeitig in Proßnitz stationierten Sch./FAR 43 Aufstellung einer eigenständigen Sch./FAR 71 Proßnitz/Mähren, ab Mai 1940. Hauptplatz Proßnitz, Arbeitsplätze Stichowitz und Wischau. Verlegt im Dezember 1943 nach Prenzlau, dort Eingliederung in die FFS A 12 mit neuer Bezeichnung Doppelschule A 12 Prenzlau.

Kdr.: Oberstltn. Kohnert.

Sch./FAR 72

FFS des FAR 72 Detmold (ehem. Flea. 14 Detmold) mit Arbeitsplätzen Geseke und Lippspringe. FAR samt FFS verlegen am 1.11.1939 nach Fels a.Wagram, jedoch machen die dortigen Platzverhältnisse einen vorläufigen fliegerischen Ausbildungsbetrieb in Brünn/Mähren notwendig. Mit Fertigausbau des Flugplatzes Markersdorf b/St. Pölten verlegt die FFS im April 1940 dorthin, gibt zuvor jedoch Fluglehrer und Flugzeuge an die neu aufgestellte A/B 113 ab (s. dort). Hauptplatz Markersdorf, Arbeitsplätze Fels/Wagram und Bierbaum, Segelflug in Raffelding. Gesamtverlegung (außer Nachkommando) im Juni 1944 nach Schwerin-Görries. Dort Flugbetrieb bis September 1944.

Kdr.: Maj. Edzard, Oberst Sturm, Oberstltn. Wagener, Oberstltn. Maedel, Oberstltn. v. Küster.

Sch./FAR 82

FFS des FAR 82 Quakenbrück (ehem. Flea. 34 Quakenbrück). Verlegung im November 1939 nach Cottbus, mit Arbeitsplätzen Neuhausen, Bronkow und Briesen (alle Krs. Cottbus). Mit Datum 1.10.1941 nach Pretzsch/Elbe. Dort bis August 1942 als A/B-Schule, danach Umwandlung in C-Schule und Aufgehen in FFS (C) 9.

Kdr.: ?

FFS A/B 110

Neuaufstellung Ende 1939 in Stubendorf/Oberschlesien. Hauptplatz Stubendorf, Segelflug in Nieder-Ellguth. Im Juni 1943 Umwandlung in Blindflugschule 11 (einmot. Schlacht).

Kdr.: Maj. v. Winterfeld, Maj. Dr. Tiemann.

FFS A/B 111

Neuaufstellung Ende 1939 in Oels b/Breslau. Hauptplatz Oels, Arbeitsplatz Woisselsdorf. Verlegung im März 1941 nach Roth b/Nürnberg mit Hauptplatz Kiliansdorf und Arbeitsplatz Amberg-Schafhof. Im Februar 1942 Auflösung der A/B-Schule, Abgabe von Teilen an FFS (C) 13.

Kdr.: Oberstltn. Richter.

Sch./FAR 112

Neuaufstellung Ende 1939 in Tulln/nordwestl. Wien. Verlegung im August 1940 nach Ingolstadt; zuvor Abgaben an die anlaufende LKS 7 (s. dort). Hauptplatz Ingolstadt, Arbeitsplatz Neu-Ulm. Im Oktober 1941 Standortwechsel nach Hauptplatz Böblingen mit Arbeitsplätzen Eutingen und Neu-Ulm. Erneut Verlegung im August 1943 nach Nellingen mit Arbeitsplatz Eutingen; Segelflug in Malmsheim/westl. Stuttgart. Fliegerische Schulung bis Dezember 1944.

Kdr.: Maj. (Oberstltn.) Littmann, Oberstltn. Weißhaar, Maj. Siedschlag.

FFS A/B 113
Neuaufstellung im März 1940 in Brünn/Mähren, teils aus Abgaben der Sch./FAR 72. Hauptplatz Brünn, Arbeitsplätze Deutsch-Brod, Otrokowitz und Wischau. Im September 1943 Überführen der FFS nach Guben und Verschmelzen mit der dortigen A/B-Schule zur Doppelschule A 3.
Kdr.: Maj. Cornelius Edzard, Oberstltn. Leibfried, Oberstltn. Beckmann.

FFS A/B 114
Neuaufstellung Ende 1939 in Zwölfaxing/südl. Wien-Schwechat. Dort Verbleib bis Juli 1943, danach Verlegung nach Weimar-Nohra. Auflösung der A 114 im Februar 1945.
Kdr.: Maj. Bolz.

FFS A/B 115
Neuaufstellung Ende 1939 in Wels/südwestl. Linz (Donau). A/B 115 schult auf Hauptplatz Wels und Arbeitsplatz Münsteuer, Segelflug in Groß-Stögen b/Enns und Weiherhof. Auflösung der FFS im März 1945.
Kdr.: Oberst Bruno Wentscher, Oberstltn. v. Raven.

FFS A/B 116
Neuaufstellung Ende 1939 in Neudorf b/Oppeln (Oberschlesien). Hauptplatz Neudorf, Arbeitsplatz Ottmuth. Ende Juni 1941 Verlegung nach Göppingen mit den Arbeitsplätzen Reichenbach b/Saulgau und Mengen. Segelflug in Lachen-Speyerdorf. Einstellung der Ausbildung im Oktober 1944.
Kdr.: Oberst Ulmer, Maj. Roth.

FFS A/B 117
Neuaufstellung im Frühjahr 1940 in Kamenz/nordöstl. Dresden. Im Oktober 1940 Überführung nach Bad Aibling. Dort nachweisbar bis Juli 1941, danach wahrscheinlich aufgelöst.
Kdr.: Oberstltn. Reichardt.

FFS A/B 118
Neuaufstellung Frühjahr 1940 in Stettin-Altdamm. Hauptplatz Altdamm, Arbeitsplätze Mackfitz b/Plathe (Pomm.), Pyritz. Segelflug in Dramburg/Pomm., Im Dezember 1944 Verlegung nach Braunschweig-Broitzen, Auflösung März 1945.
Kdr.: Oberst Reichardt.

FFS A/B 119
Neuaufstellung Frühjahr 1940 in Jüterbog-Damm; verlegt im Sommer 1941 nach Kassel-Rothwesten. Dort Auflösung im Mai 1943.
Kdr.: Oberstltn. Elvert.

FFS A/B 120
Neuaufstellung Sommer 1940 in Prenzlau/Uckermark mit Arbeitsplätzen Garz und Gabbert/Pomm.. Geht im Mai 1942 zum Großteil nach Luxeuil/Frankr. und wird dort in die FFS A/B 2 integriert.
Kdr.: Oberst Beaulieu.

FFS A/B 121
Neuaufstellung Sommer 1940 in Straubing. Im Juni 1943 Vereinnahmung der A/B 24 Olmütz und wird damit Doppelschule A 121 Straubing. Darin integriert seit Ende 1944 die Behelfs-LKS 1. Reduzierter Flugbetrieb bis Januar 1945. Arbeitsplatz Ganacker, Cham.
Kdr.: Oberstltn. Braun, Oberstltn. Weißhaar, Oberst Littmann.

FFS A/B 122
Datum und Ort der Aufstellung nicht nachweisbar; wahrscheinlich September 1940 in Gutenfeld/Ostpr.. Ab April 1941 Ausbildungsbetrieb in Jena-Rödigen mit Arbeitsplätzen Rockau und Esperstedt b/Halle. Offenbar im Juli 1942 aufgelöst.
Kdr.: ?

FFS A/B 123
Aufstellung im Juli 1941 in Agram-Gorica (Zagreb)/Jugoslawien. Bildet sowohl deutsches als auch kroatisches Personal aus. Ab Mai 1943 nach Graz-Thalerhof ins Reichsgebiet verlegt. Einstellen der Schulung im September 1944.
Kdr.: Oberst Groß.

FFS A/B 124
Entsteht im Juni 1941 in Metz-Diedenhofen (Thionville) durch Umbenennung der (aus Deblin-Irena) verlegten Teile Sch./FAR 21. Seit November 1941 Hauptplatz Metz-Frescaty mit Arbeitsplätzen Diedenhofen und Segelflugausbildung in Sandweiler/Luxemburg. Verlegung im Oktober/November 1943 nach Crailsheim und Verschmelzung zur Doppelschule A 43 Crailsheim (s. dort).
Kdr.: Oberst Mohr.

FFS A/B 125
Neuaufstellung Juni 1941 in Neukuhren/Ostpr., unter Übernahme von Personal und Gerät der A/B 10 Neukuhren. Wird durch Zuführung der A/B 11 Schönwalde im August 1943 zur Doppelschule A/B 125. Hauptplatz Neukuhren, Arbeitsplätze Elbing, Prowehren und Lyck/Ostpr.. Verlegung im Juli 1944 nach Faßberg, weiter im Dezember 1944 nach Parow b/Stralsund. Dort Auflösung.
Kdr.: Oberst Schwarz.

FFS A/B 126, 17.6.1941 Sch./FAR 31 Posen.
Wahrscheinlich im Juni 1941 in Gotha aufgestellt. Dort Verbleib bis Juni 1942, danach keine Flugbewegungen im Ausbildungsbetrieb mehr nachweisbar.
Kdr.: Oberstltn. (Oberst) Kaus

5 c. Luftkriegsschulen

Die Vorbemerkungen zum Kapitel Flugzeugführerschulen A/B können gleichermaßen Anwendung finden für den Bereich Luftkriegsschulen. Ausbildungsweg und Abschluß entsprechen in fliegerischer Hinsicht dem der A/B-Schulen, desgleichen ist das verwendete Fluggerät miteinander identisch. Im Hinblick auf die künftige Aufgabe und Laufbahn der Absolventen wird bei den LKS ausschließlich Offiziersnachwuchs mit entsprechender schulischer Vorbildung ausgebildet. So ist auch der Lehrplan gegenüber A/B-Schulen um Fächer wie Taktik, Luftrecht, Truppendienst, Disziplinarstrafordnung u.a. erweitert.
Seit 1.2.1936 dem Kdo. der Luftkriegsschulen (Maj. Andrae) unterstellt, wechselt das Unterstellungsverhältnis im Februar 1939 in den Befehlsbereich „Chef A.W." (Gen.d.Fl. Kühl), im Juli 1943 zum Gen. der Fliegerausbildung (Gen.Maj. Kreipe), dabei jeweils unter Kommandobehörde „Höheres Kommando der LKS und Uffz.-Schulen" (Gen.Maj. Kriegbaum).

LKS 1
Aufstellung 1.4.1936 als LKS Dresden, numerisch ab Januar 1940 LKS 1. Verbleib in Dresden bis zum Auslaufen des Schulbetriebes im Oktober 1944. Hauptplatz Dresden-Klotzsche, Arbeitsplätze Dresden-Heller, Riesa-Leutewitz, Kamenz.
Kdr.: Oberst Kriegbaum, Oberst Lutz.

LKS 2
Aufstellung 1.4.1936 als LKS Berlin-Gatow, ab Januar 1940 numerisch LKS 2. Gatow bleibt Stationierungsort und Hauptplatz der LKS 2 mit Arbeitsplätzen Güterfelde b/Potsdam und Reinsdorf b/Jüterbog. Auslaufen der fliegerischen Schulung im Oktober 1944.
Kdr.: Oberst (Gen.Maj.) Funcke.

LKS 3
Aufstellung 1.4.1936 als LKS Werder/Havel, ab Januar 1940 numerisch LKS 3. Hauptplatz Wildpark-Werder, Arbeitsplätze Magdeburg, Borkheide und Güterfelde. Die LKS verlegt im Mai 1944 nach Oschatz, gleichzeitig geht die dortige A 61 nach Werder. Der Grund des Platztausches ist unbekannt. Letzte Flugbewegungen in Oschatz im Dezember 1944.
Kdr.: Oberstltn. Grohmann, Oberst Pampe.

LKS 4
Aufstellung 1.10.1937 als LKS Fürstenfeldbruck, ab Januar 1940 numerisch LKS 4. Bereits im November 1939 verlegt die LKS infolge der Kriegsereignisse nach Königsberg-Neuhausen/Ostpr., schult dabei auf den Plätzen Neuhausen, Schippenbeil und Gutenfeld. Rückverlegung im September 1940 nach Fürstenfeldbruck, dort Verbleib bis zum Einstellen des Ausbildungsbetriebes im Oktober 1944. Hauptplatz Fürstenfeldbruck, Arbeitsplätze Bad Wörishofen, Neu-Ulm, Kempten-Durach, Schongau und Puch. Segelflug in Landsberg/Lech.
Kdr.: Gen.Maj. Ritter und Edler von Mann,
Oberst Sonnenburg, Gen.Maj. Otto Höhne.

LKS 5
Am 1.3.1939 Umbenennung der FFS E Nellingen in LKS Breslau-Schöngarten, jedoch Aufbau der LKS in Regensburg-Obertraubling. Am 1.11.1939 Verlegung nach Breslau-Schöngarten und dort seit Januar 1940 numerisch LKS 5. Die LKS verbleibt an ihrem Stationierungsort bis zum Auslaufen der Schulung Mitte Januar 1945. Hauptplatz Schöngarten, Arbeitsplatz Langenau b/Breslau.
Kdr.: Oberst Schulz, Oberstltn. Koehne.

LKS 6
Erscheint unter Standort Kitzingen/Main im Herbst 1944 ohne nähere Angaben. Kdr.: ?

LKS 7
Anlaufen der Aufstellung im Oktober 1939 in Tulln b/Wien, seit Januar 1940 LKS 7. Schulbetrieb wird auf dem Hauptplatz Tulln und Arbeitsplätzen Langenlebarn, Budweis und Seyring bis Dezember 1944 durchgeführt. Nebenplätze Stockerau Deutsch-Wagram.
Kdr.: Oberst (Gen.Maj.) Volkmann.

LKS 8 (Flak)
Stationierungsort Göppingen. Nur der Vollständigkeit halber aufgeführt, kein Flugbetrieb.

LKS 9 (KON)
Ende 1942 bis Juli 1944 in Tschenstochau als LKS für Kriegsoffiziers-Nachwuchs (KON) nachweisbar. Außer theoretischen Unterrichtsfächern nur sportlicher, kein militärischer Flugbetrieb (Segelflug). Verlegt im August 1944 nach Werneck/Franken.
Kdr.: Gen.Maj. Fritz Reinshagen.

LKS 10
Standort Fürstenwalde/Spree, dabei nachweislich fliegerische Schulung von Mai 1944 bis Januar 1945. Ende Januar 1945 Verlegung nach Straubing, Arbeitsplatz Cham. April 1945 aufgelöst.
Kdr.: Oberst Woldenga.

LKS 11
Als Behelfs-LKS 1 in den Schulbetrieb der FFS A 121 Straubing integriert (s. dort).
Kdr.: Hptm. Klaembt

LKS 12

Standort Bug a/Rügen. Taucht erstmals im Herbst 1944 ohne nähere Angaben auf. Ausschließlich Heranbildung von Offiziersanwärtern aus dem Mannschaftsstand (Tapferkeitsoffiziere). Kein Flugbetrieb.
Kdr.: Gen.Maj. Walter Schroeder.

LKS 13 (Ln.)

Standort Halle/Saale. Ausschließlich der Luftnachrichtentruppe vorbehalten. Flugbetrieb im Rahmen der fliegerischen Schulung bei der Ln.-Schule Halle.
Kdr.: ?

29. 6. 1938

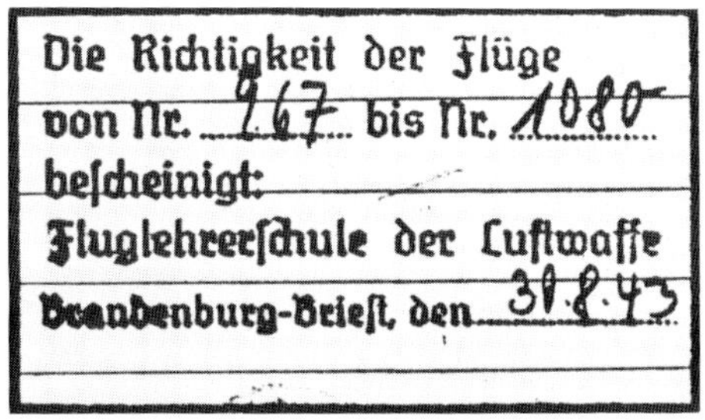

31. 10. 1942

Gedränge beim „Eismann", wie der Startwagen oft genannt wird. Mit Schreibpult, Werkzeugkiste und Startfahne ist der rot-weiße Karren der Dreh-, Angel- und Sammelpunkt, an dem die Flugschüler auf ihre Starteinteilung warten und dabei schnodderig fliegerisches Mißgeschick der Kameraden kommentieren. FFS A/B 4 Neudorf b/Oppeln, September 1941.

Gruppenfluglehrer Ltn. Anton (mit Mütze) mit Flugschülern der A 14 Klagenfurt, Winter 1943/44. Nahezu alle Abgebildeten geraten nach der Jagdfliegerausbildung bei der Reichsverteidigung in die verlustreichen Abwehrkämpfe gegen Bomberverbände der Alliierten.

Später bekannte Namen – hier noch als Flugschüler „Pampelmus": rechts Gerhard Stüdemann (St.G 77, RK,EL), bei LKS 2, Gatow 1940.

...mit Sonnenbrille: Walter Krupinski (JG 52, RK, EL) bei LKS 2, Gatow 1940

....Günther Bahr (NJG 6, RK) bei Schulstaffel I./JG 130, Jesau Juni 1939

....ganz rechts: Josef Ertl (SG 102, Bundesminister) bei LKS 4, Fürstenfeldbruck Juli 1944.

Zeichenverständigung zwischen Fluglehrer und Schüler

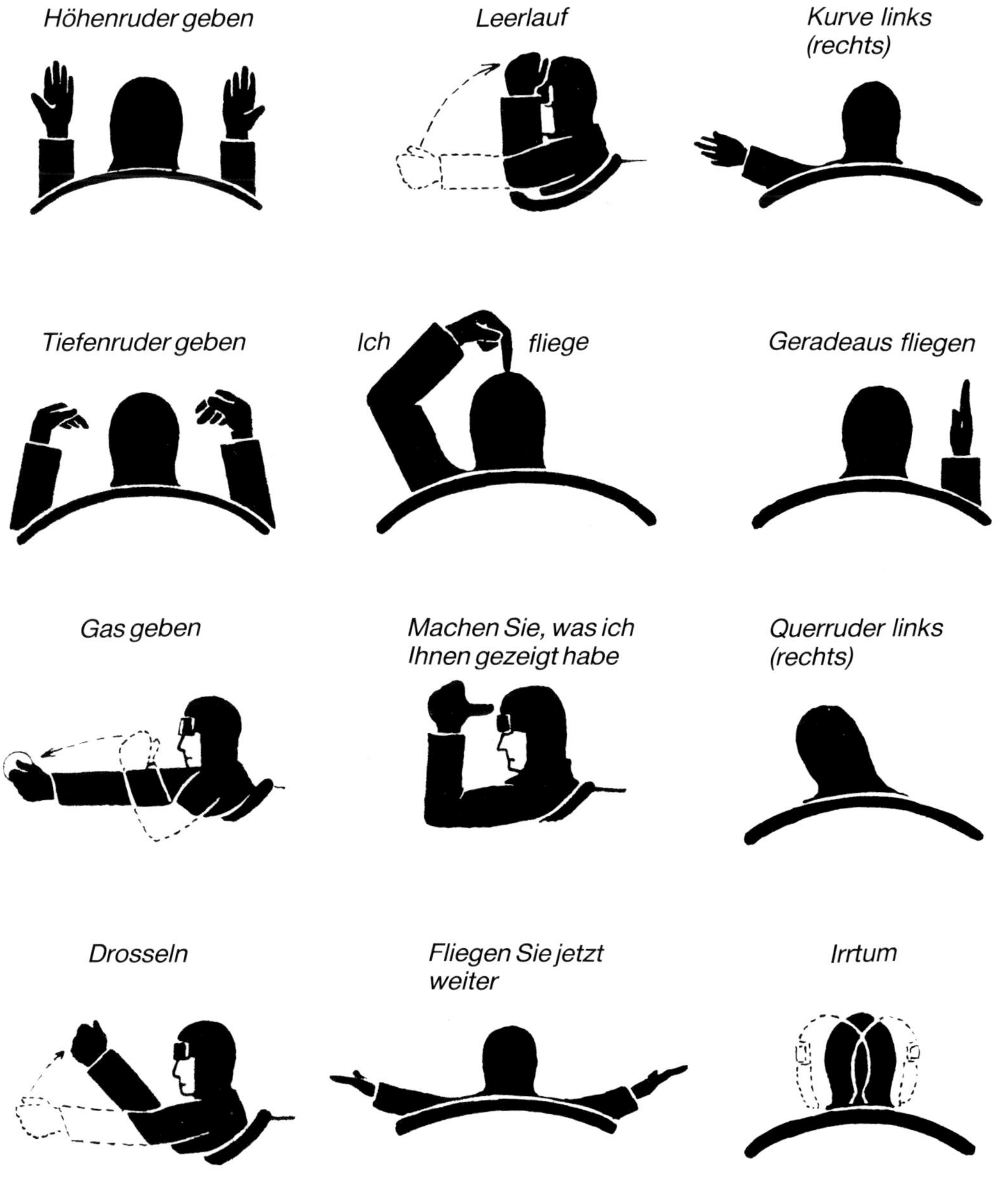

Um das „Gewedel" des in der Regel vorn sitzenden Fluglehrers deuten zu können, wird dem Flugschüler diese Verständigungs-Tabelle zum gefl. Auswendiglernen ausgehändigt.

Einweisung mit Lehrer auf Fw 44, W. Nr. 2460, bei der A/B 62 Bad-Vöslau, Mai 1941. Die Aufnahme beweist, daß beim Rollen über den Motor hinweg nichts, beim seitlichen Herauslugen kaum zu sehen ist, was vor der Maschine vor sich geht.

Verbandsflugübung mit Fw 44. Vorn Fw 44J, BO+KW, bereits mit Tarnanstrich, hinten Fw 44, CB+AO, noch in RLM-Grau 02. Am 21.1.1942 wird angeordnet, alle noch mit Hersteller-Anstrich (RLM-Grau) vorhandenen Schulflugzeuge bei nächster Gelegenheit auf Tarnfarbe (Farbton 70 oder 71) umzuspritzen.

Fw 44, ND+NF, der A/B 4 Neudorf/Oppeln kurz vor dem Aufsetzen. Die A/B 4 hat, von Prag-Gbell kommend, im Juli 1941 Neudorf als neuen Standort übernommen.

Ein Ausbildungsbetrieb auf verschneitem Platz bedingt Verwendung des Umrüstsatzes „Schneekufen“ anstelle des Radfahrwerkes. Fw 44, CR+HS, am Start in Schippenbeil/Ostpr., LKS 4, 17.1.1940.

Trotz Kufen ist die Fw 44, CR+HA, in einer Schneewehe eingebrochen und auf den Kopf gegangen. LKS 4 Arbeitsplatz Schippenbeil, Januar 1940.

Die Fw 44, GA+CI, wird am Startplatz gegen die Windrichtung geschwenkt. Bei stärkerem Wind sind abgestellte Flugzeuge grundsätzlich in Windrichtung zu parken. A/B 114 Zwölfaxing, September 1942.

Eine kleine Serie der Fw 44 wird anstelle des Sh 14A mit Argus-Motoren As 8B ausgerüstet und erhält die Typenbezeichnung Fw 44E. CV+AS einer unbekannten FFS.

Heinkel He 72 mit Sh 14A und dem Zeichen der A/B 32 unterhalb der Baldachinstrebe. Vor einer Halle in Pardubitz, August 1942.

Startplatz bei der A/B 116 Göppingen, August 1941. Der Startposten gibt einen Alleinflieger auf He 72, PF+UG, frei.

Auf Schneekufen ist auch der He 72 „Kadett“ umzurüsten. WL+EZYO mit auffällig großem Hakenkreuz auf dem Seitenleitwerk. Dieses überdimensionierte Nationalitätszeichen ersetzt während der Übergangszeit Winter 1939/40 die überspritzte Nationalflagge in rotem Band; FFS A/B 6 Danzig-Langfuhr, Winter 1939/40.

Schleppflugzeug He 72, BO+BY, von der A/B 5 Seerappen zur Segelfliegerschule der Luftwaffe Königsberg-Neuhausen abgestellt. Auch während der Wintermonate 1940/41 wird auf dem Arbeitsplatz der Schule, Rossitten, die Ausbildung weiterbetrieben.

Analog der Fw 44 existiert auch von der He 72 eine Version mit dem Argus As 8-Motor, Typenbezeichnung He 72C. Ein solches Flugzeug, D-EVYV im Mai 1935 bei der Flugzeugführerschule der Flieger-Ersatzabteilung Neubiberg.

Nahezu ungeschoren bleibt den Krieg über der Fliegerhorst Crailsheim, Hauptplatz der FFS A/B 43. Bereits im April 1939 als Fluggelände für eine A/B-Schule genutzt, wird das Flugfeld westlich der Stadt von Oktober 1939 bis August 1940 für einen Frontverband geräumt, danach wieder von der A/B 43 übernommen.

Die Bü 131 „Jungmann“ war als ein zu sportliches Flugzeug eigentlich nicht für den Schulbetrieb bei der Luftwaffe vorgesehen, stand jedoch für Anfänger- und Kunstflugausbildung den Krieg über in großen Stückzahlen zur Verfügung. Bü 131D, CC+NZ, W. Nr. 4262, der LKS 7 Tulln, Sommer 1944, Flugschüler L. Schranner.

Zwei Bü 131 der LKS 5 Breslau-Schöngarten in engem Verbandsflug bei Paschkerwitz 1941. Auch beim Alleinflug, ohne Lehrer, fliegt der Schüler vom hinteren Sitz aus.

Obwohl es eingetrommelt wird, Wiesen und Getreidefelder bei Notlandungen zu meiden, hat diesen Flugschüler im Sinne des Wortes „der Hafer gestochen“, und er hat dabei seine Bü 131 GC+OV in die Rückenlage gebracht. In einem solchen Fall mußte einem schon eine gute Ausrede einfallen, um eine Bestrafung zu umgehen. A/B 82 Cottbus, Juli 1941.

Höhere Gewalt! Eine Sturmböe hat diese Bü 131D SJ+AE vom Abstellplatz losgerissen und in ein nahes Gehölz gewirbelt. Äste und Sträucher haben den Aufprall abgemildert, Schaden daher unter 10 %.

Flugschüler Robert Gugelberger (rechts) ist sichtlich erleichtert, daß nicht er, sondern ein Mitschüler diese Bü 131 TA+FO „verbogen" hat. Im Januar 1942 bei der A/B 120 in eine Schneewehe gerollt, geht die Schulmaschine koppheister.

Diese 1939 an die Jugoslawischen Luftstreitkräfte gelieferte Bü 131D, W. Nr. 482, wird während des Balkan-Feldzuges unversehrt wieder in Besitz genommen. Mit provisorischen Nationalitätskennzeichen überfliegt Oblt. Lachmann, II./JG 77, Ende April die Bücker nach Arad. Als DA+RF gelangt das Beutestück 1942 wieder in den Bereich Chef A.W..

Schulflugzeuge der tschechischen Fliegertruppe werden nach 1939 in den Bestand der Luftwaffenschulen eingegliedert. So diese beiden Praga E 39 VB+SW und RU+AF, die der A/B 32 Pardubitz zugewiesen werden. Verbandsflugübung Juli 1941 bei Skutsch.

Da ohne Radbremse, heißt es mit der E 39 eine saubere Landeeinteilung vorzunehmen. PF+RN, W. Nr. 112, in Sbraslawitz, Januar 1941.

Nach dem „Umfall“ Italiens (Juli 1943) wird auf Sammelstellen Fluggerät der entwaffneten „Regia Aeronautica“ zusammengezogen und Verbänden der Luftwaffe zugeteilt. Bei der Überführung nach Deutschland hat dieser zweisitzige Trainer Meridionali Ro 41 beim Start mit dem Sporn das Landekreuz mitgenommen.

Viel Lärm um Nichts! Als Entwurf von Prof. Winter (T.H. Braunschweig) wird der einsitzige LF 1 „Zaunkönig“ unter dem Motto: Pilotennachwuchs ohne Lehrer, den ganzen Krieg über gefördert und aufwendig getestet. Nach Meinung des Konstrukteurs ist der „Zaunkönig“ nach kurzer Bodeneinweisung von Jedermann zu fliegen. Ausgebildete Segelflieger benötigen hierzu eine 5-minütige, Nichtflieger eine 30-minütige Einweisung – nach Prof. Winters Einschätzung. Neben der Verwendung als Übungsflugzeug könnten auch Hunderte solcher Flugzeuge für Luftlandeunternehmen, als „fliegende Infanterie“, zum Einsatz gebracht werden, da erforderliche fliegerische Ausbildung unerheblich sei. Man bedenke den Kostaufwand oder gar die Abwicklung solcher Schwerpunkteinsätze: 300 „Zaunkönige“ in 1000 m Höhe im Verbandflug, Landung dieser Armada auf möglichst engem Raum, dabei jeder fliegende Infanterist mit minimaler fliegerischer Erfahrung – dafür mit Karabiner und Handgranate ausgerüstet! Wieviele der Leute noch heil am Ziel an- und ohne Blessuren aus den Leichtflugzeugen herauskämen, bleibt dem Vorstellungsvermögen des Lesers überlassen.

Ortseinfahrt Sbraslawitz/Böhmen. Hier liegt einer der Arbeitsplätze der Flugzeugführerschule A/B 32 Pardubitz.

Flugleitung, Geschäftszimmer, Kontrollturm – alles in einem. Das Universalgebäude des Arbeitsplatzes Sbraslawitz im Sommer 1940. In der Regel sind die Arbeitsplätze trockene Wiesengelände, ohne befestigte Startbahn und feste Bauten. Als Unterkünfte sind Baracken vorhanden, dazu ein oder zwei kleine Hangars zum Unterstellen einiger Flugzeuge sowie eine Werkstatt zur Behebung kleinerer Reparaturen. Bei größeren Schäden und Störungen müssen die Flugzeuge zur Werft auf den Stammhafen gebracht werden. Tanken erfolgt ebenso am Stammhafen, es sei denn, auf dem Arbeitsplatz wird aus dem Faß oder Tankwagen gezapft; als Beispiel Betriebsstoff-Kesselkraftwagen L.K. 2785 (s. unten). Solche Tankfahrzeuge verfügen über ein Fassungsvermögen von etwa 3000 Liter.

Einige nach Sbraslawitz abgestellte Fluglehrer der A/B 32 in Erwartung ihrer Schülergruppe. Von links: Fluglehrer Fw. Lagodny, gruppenältester Schüler Ofw. Strecker, Fluglehrer Ofw. Andreas Dehn, Fluglehrer Uffz. Walter Müller. Sbraslawitz, Frühjahr 1941.

Zwei Fluglehrer der A/B 32 machen sich mit dem neu angelieferten Baumuster Bü 181 vertraut. Im Vordergrund Fw. Hans Geldmacher, kurz „Falschmünzer" genannt, neben ihm Fw. Hesseling. Die Sitzanordnung, Lehrer und Schüler nebeneinander, bietet ideale Verständigungsmöglichkeit während des Fluges.

Bei den Flieger-Übungsstellen noch in großen Stückzahlen eingesetzt, bis 1941 jedoch nahezu von allen Flugzeugführerschulen verschwunden: die Klemm L 25; sie wird kontinuierlich durch die Kl 35 ersetzt. Kl L25d VIIR, PF+VJ, bei der LKS 5 Breslau-Schöngarten, Winter 1940/41.

Rekrutenvereidigung beim Flieger-Ausbildungsregiment, FAR 51, Weimar-Nohra, Juli 1939. Als fliegerische Präsenz dient die Kl 35 WL-EADR mit abgenommener Radverkleidung.

Gerade abgehoben hat die Kl 35B, DD+NF, vom Platz der A/B 4 Neudorf/ Oppeln. Auf Grasplätzen werden aus Sicherheitsgründen in der Regel die Verkleidungsbleche des Fahrwerks abgenommen. September 1941.

Ein Schüler wird nach seinem ersten Alleinflug, dem letzten des Tages, von den Kameraden mit Hallo in Richtung Hallen geschoben. Juni 1940, A/B 32 Pardubitz, Kl 35B, CA+TR.

Bei den Frontverbänden ist die Kl 35 als Kurier- und Verbindungsflugzeug ein begehrtes Fluggerät. Die TN+LD im Juni 1942 vor der Stabsbaracke der II./JG 1 in Katwijk/Holland.

Die ab Frühjahr 1939 aus der Produktion kommende Kl 35D hat anstelle des Einbeinfahrwerkes ein stabileres Strebenpaar erhalten; der sonstige Aufbau entspricht dem des Vormusters Kl 35B. CC+OV ist eine Kl 35D der A/B 24 Olmütz, hier auf dem Arbeitsplatz Holitz, Dezember 1942.

Alleinflug bei der A 14 Klagenfurt mit Kl 35D, KC+BW, im Winter 1943/44. Zum Herausheben der Rumpfkennzeichen werden bei Schulflugzeugen mit Tarnanstrich vielfach die Buchstaben weiß umrandet.

Von einem „Stößer" überholt zu werden, nimmt man gelassen. Diese Kl 35D, NQ+NR, trägt noch den werkseitigen Anstrich in Farbe 02, RLM-grau. A/B 71 Proßnitz, März 1943.

Im Mai 1944 verlagert die LKS 3 Wildpark-Werder ihren gesamten Schulbetrieb nach Oschatz; die dortige A 61 etabliert sich im Austausch dafür in Werder/Havel. Ein Alleinflieger mit Kl 35D, SI+EZ, Oschatz Mai 1944.

Umrüstsatz „Schneekufen" an Kl 35D der Luftkriegsschule 7 Tulln. Neben der Bü 181 (s. Hintergrund) sind solche offenen Klemms noch im Winter 1944/45 beim Flugzeugpark der Schulen zu finden.

Kurzzeitig ist eine rein slowakische Fliegerschule in Prerau, östl. Proßnitz, aktenkundig. Möglicherweise ist die Kl 35D, VO-AF, ein Flugzeug dieser FFS.

Das letzte zur A2-Schulung eingeführte Baumuster ist die Bü 181 „Bestmann", hier TP+CC. Nur die A-O Serie wird von einem Hirth-Motor HM 504 angetrieben. Die B- und C-Modelle sind mit HM 500 ausgerüstet und für Kunstflug zugelassen, dabei C-1 und C-2 ohne jegliche Beschränkung.

Die TP+WX, eine Bü 181B-1, vor der Halle in Pardubitz, A/B 32 im August 1942. Sämtliche an Schulen ausgelieferte Bü 181 verlassen, bereits mit Tarnanstrich versehen, die Werkhallen bei Bücker und den Lizenzbetrieben Zlin und Fokker.

Am Start auf dem Arbeitsplatz Seyring der LKS 7 Tulln. Bü 181 mit dem Zeichen dieser Luftkriegsschule. Die vielfach genannte Stückzahl von etwa 3600 gebauten „Bestmann“ dürfte mit Sicherheit höher anzusetzen sein.

Mehr als die Jahre zuvor gilt es in den beiden letzten Kriegsjahren, den Ausbildungsbetrieb auch während der Wintermonate aufrechtzuerhalten. Schneekufen-Umrüstung auch für die Bü 181. Hier die SK+WR der LKS 7 Tulln im Winter 1944/1945.

Auch sie haben einmal klein angefangen! Links oben: Heinz Marquardt (links; JG 51, RK) mit seinem Mitschüler Günther Krause bei Sch./FAR 51 Heiligenbeil, Januar 1941. – Rechts: vorn Diether Lukesch (KG 76, RK, EL), hinten Fluglehrer Uffz. Hansemann mit Go 145 bei LKS Werder/Havel, Arbeitsplatz Güterfelde Mai 1939.– Unten links: Hans Schütze (KG 4) in Winterkombi bei Sch./FAR 10 Neukuhren, Februar 1940. – Rechts: vorne Fluglehrer Zimmer, hinten Gerhard Pfefferkorn (Kurierstaffel A), bei A/B 122 Gutenfeld/Ostpr., Februar 1941.

Als lupenreines Kurier- und Reiseflugzeug endet der von Arado als Schulmaschine angebotene Ar 79-Entwurf. Nach kurzer Erprobung für diese Zweckbestimmung lehnt Chef A.W. die Konstruktion als zu kostenintensiv ab. Ar 79, GJ+AH, bei der Erprobungsstelle der Luftwaffe Rechlin.

Auch das Sport- und Reiseflugzeug Bf 108 „Taifun“ ist zeitweise als Schulflugzeug im Gespräch, erscheint jedoch nur vereinzelt bei Jagdfliegerschulen zur Umschulung auf die Bf 109. Kabine der Bf 108B mit Doppelsteuer.

Mit viersitziger Kabine bietet sich die „Taifun“ dagegen als Reiseflugzeug für Stäbe und Luftzeugämter an. Über dem Müritz-See, Bf 108B, GJ+AQ, der Erprobungsstelle Rechlin.

Als Parallelentwicklung zur Bf 108 nimmt die Klemm Kl 36 am Europa-Rundflug 1934 teil. Eine kleine Serie mit Sh 14A-Triebwerk gelangt als Kabinen-Schul- und Reiseflugzeug zu einigen Fliegerschulen. Kl 36B der A/B 6 Danzig-Langfuhr wird 1941 durch Fluglehrer Georg Fischer vom Abstellplatz zum Start gerollt.

Im täglichen Sprachgebrauch „der Dackel", eine Konstruktion von Benes-Mraz. Die Be 50 ist mit einem Walter „Minor" von 85 PS bei nur wenigen FFS im Einsatz. Start einer Be 50 bei der A/B 4 Neudorf/Oppeln, im September 1941.

Mit überdachtem Führerraum bleibt die Benes-Mraz Be 51 auch nach der Besetzung der Tschechoslowakei noch für kurze Zeit für die Luftwaffe in der Fertigung. Be 51 „Beta-Minor“ als Kurierflugzeug bei der Fliegertechnischen Schule 6, Bayreuth-Bindlach, Oktober 1941.

Vorderer Sitz und Instrumentenbrett der Benes-Mraz Be 502, einem tschechischem Sportflugzeug aus dem Jahr 1936. Wegen schwieriger Ersatzteilbeschaffung sind solche zugewiesenen Einzelexemplare sehr bald aufgebraucht.

Die weitaus größte Zahl tschechischer Beuteflugzeuge wandert gemäß RLM-Befehl an Nachschubeinheiten und Feldwerftabteilungen. Sie ermöglichen eine rasche Zuführung von Technikern zu Hilfeleistungen bei Außenlandungen und Bruchbergung. Vorn Benes-Mraz Be 51, hinten Zlin 212 mit offenen Sitzen.

Kabinen-Version der Zlin 212 im Schulbetrieb bei der A/B 63 Marienbad, Arbeitsplatz Karlsbad, August 1941. Angetrieben von einem Walter „Mikron“ von 60 PS liegt die Zlin 212 weit unter dem Leistungsniveau der starkmotorigen deutschen Schulflugzeuge. 25.3.1941 PF+OM

Mit der Auflösung der italienischen Luftstreitkräfte, im Juli 1943, gelangen vermehrt italienische Baumuster zu den FFS der Luftwaffe. Liebevoll „Lilo“ genannt, ist der Einsitzer AVIA (Lombardi) FL-3 ein gern geflogenes Übungsflugzeug nördlich der Alpen. Start im Januar 1944 bei der A 14 Klagenfurt.

Von SAIMAN, einer Tochtergesellschaft von Caproni, stammt die zweisitzige SAIMAN 202 mit Alfa-Romeo 110 und 120 PS Leistung. Bei der A 14 Klagenfurt, der eine größere Anzahl italienischer Konstruktionen zugeteilt wird, bereitet sich Flugschüler Gerd Hauter zum Platzwechsel vor.

Das erste Baumuster, das die Schüler zur Ausbildung auf B1 vorgesetzt bekommen, ist meist die Arado Ar 66c, mit As 10C. Seit 1933 in der Produktion, nimmt sie den Platz solcher Interims-Flugzeuge wie Ar SC II, Alb.L. 75, L 102 etc. ein. D-IVNE der FFS (E) Gladbach-Rheydt, Herbst 1937.

Außenlandung Ar 66c, D-IZEE, mit Fahrwerkbruch bei Lemgo. Das Flugzeug gehört zum Bestand der Sch./Flea. 14 Detmold und weist die Jalousie-Abdeckung für den vorderen Sitz auf. Sie dient zur Schülereinweisung für Blind- und Instrumentenflug.

Der Antennenmast dieser Ar 66c, WL+ISLA, zeigt den Einbau des Funkgerätesatzes für Bordfunkerschulung an. In dieser Version ist meist auch der Drehring mit MG 15 für Schießen aus der Luft nachgerüstet. FFS (See) 2, Pütnitz Januar 1940.

Auf dem Rollstreifen zurück zum Startplatz. Eine Ar 66c der LKS 5 Breslau-Schöngarten, 1941. Auch an diesem Flugzeug der seitliche Schiebedachkasten für den Vordersitz.

Winterflugbetrieb, Januar 1941, mit Schneekufen. Die Ar 66c, RR+AG, läßt sich schon alleine vom Landschaftsbild her unschwer der A/B 14 Klagenfurt, Arbeitsplatz Aigen, zuordnen.

Auf diesem Bild gut zu erkennen: Nur die obere Tragfläche gepfeilt, das Erkennungsmerkmal des B1-Schulflugzeuges Go 145. Die Gothaer Waggonfabrik produziert dieses der Ar 66 ebenbürtige Baumuster in Großserie seit 1933. Go 145A, NJ+CF, bei der A/B 9 Grottkau, Sommer 1940.

Der Wappenschild mit dem „Nürnberger Trichter" stempelt diese Go 145A als der A/B 4 zugehörig ab. Die Aufnahme stammt vom Oktober 1941, also nach der Verlegung der Schule nach Neudorf/Oppeln.

Schulflugzeug Nr. 85 einer slowakischen Flugzeugführerschule. In der Halle weitere Exemplare des Baumusters Go 145A. Bezeichnung und Stationierungsort der Schule sind nicht bekannt.

Unbeeinflußt von den Kriegsereignissen, läuft bei Morane-Saulnier in Puteaux b/Paris der Serienbau des Schulflugzeuges MS 230. Bei der Besetzung des Werkes durch deutsche Truppen, im Juni 1940, weist die Fertigmontage-Halle keinerlei Bombenschäden auf.

Unter deutscher Bauaufsicht wird das Bauprogramm MS 230 in Puteaux weitergeführt. Kurz vor dem Zusammenbau, die Werknummern 5090 bis 5093. Das Einfliegen vor der Überführung nach Deutschland erfolgt auf dem nahen Flugplatz Villacoublay.

Vereinzelt zur Flugzeugführerschulung eingesetzt, findet die MS 230 jedoch vorwiegend als Schleppflugzeug bei der Segelflugausbildung Verwendung. BD+UJ der Flugbereitschaft/Luftpark Paderborn im Februar 1941.

Als Kunstflugtrainer ist die Bücker Bü 133 „Jungmeister“ Standardflugzeug bei A/B- und Jagdfliegerschulen. Die Produktionszahl bis 1945 dürfte bei 200 – 250 liegen. Der bei Schulflugzeugen in der Regel unverkleidete Sh 14A-Motor hat bei der Bü 133 eine Ummantelung mit Ausbuchtungen für die Zylinderköpfe erhalten. Bü 133, DE+CB, bei der A/B 9 Grottkau, 1943.

Vereinzelt findet sich der tschechische Kunstflug-Doppeldecker Avia Ba 122 bei den FFS der Luftwaffe. BO+IK mit Triebwerk Avia RK 17, 355 PS, auf dem Rollfeld Prag-Gbell. A/B 4 Frühjahr 1941.

Der Fw 56 „Stößer“ ist als Übungseinsitzer, und mit zwei starren MG 17 als Heimatschutz-Jäger konzipiert. Bei den Jagdfliegervorschulen nur in kleinen Stückzahlen für Schießen aus der Luft verwendet. Überwiegend wird das Flugzeug an A/B-Schulen abgegeben und dort für Kunstflug, Höhenflüge und „Kurbeln“ eingesetzt. Fw 56A, WL-IJTS, der Sch./FAR 11 Schönwalde, August 1939.

Mit in den Vorkriegsjahren ungewohntem Tarnanstrich zeigt sich die Fw 56A der FFS (E) Guben bei Kunstflugvorführungen zum „Tag der Wehrmacht“, März 1939.

Ölrohrbruch, und trotz verschmierter Scheibe noch heil heruntergekommen. Flugschüler Edgar Berres (links), (JG 77, RK), hat von den 13 Litern Schmierstoff nicht mehr allzuviel nach Hause gebracht. LKS 4 Fürstenfeldbruck, Januar 1941.

„Stößer" bei der A/B 115 Wels im März 1943.

Gegenüber der Fw 56 gelangen Übungseinsitzer Ar 76 in weit geringerer Stückzahl an die Schulen.. Die Aufnahme einer Ar 76-Reihe bei der A/B 23 Kaufbeuren zeigt deutlich das charakteristische Arado-Leitwerk. Im Vordergrund DA+BN, W. Nr. 713. Gelieferte Stückzahl etwa 200.

Hallenvorfeld der FFS B Oldenburg im Sommer 1935. Neben der Kurier-Ju 52, D-ADES, sind auszumachen: He 45 D-IQES und Fw 44 D-EXKI. Der Flugplatz Oldenburg beherbergt die Flugzeugführerschule der Flieger-Ersatz-Abteilung 37 Uetersen.

Eine Oldenburger Halle, von der nahe am Platz vorbeiführenden Straße gesehen; davor abgestellt Fw 44, Go 145, Ju 52 und Kl 35B. Oldenburg hat seit März 1935 Schulung bis B2 im Programm.

Fluglehrer Theo Huesmann, einer der frühen Oldenburger in einer W 33he.

In der großen Halle der Fliegerschule (B) Oldenburg sind Stammpersonal und Schüler 1938 zur Trauerfeier für eine tödlich abgestürzte Besatzung angetreten. Die im Hintergrund aufgestellte Do 11 wird zu dieser Zeit bereits vermehrt aus dem Flugbetrieb herausgezogen.

Zum Erwerb des Luftwaffen-Flugzeugführerscheines (LF) hat der Schüler einige Stunden auf K-Flugzeugen abzufliegen, die sogennante K-Zeit. Zu den K-Flugzeugen (= Kriegsflugzeugen) zählt der ehemalige Jagdeinsitzer Ar 65 mit BMW VI und 2-Blatt-Holzluftschraube. TF+BU der A/B 116, Neudorf/Oppeln, Juni 1940.

Ein weiteres K-Flugzeug bei A/B 32 Pardubitz, die Ar 68F, ebenfalls mit BMW VI. Bei dieser Ar 68F, PX+NQ, sind die nach unten weggezogenen Auspuffrohre nachinstalliert. Im Führersitz Flugschüler Alfred Auraß, August 1942. Die Fahrwerkverkleidung ist hier abgenommen.

Bruchgelandete Ar 68F, CW+HD, der A/B 33 Ingolstadt, Arbeitsplatz Ulm/Dornstadt. Dieses Flugzeug besitzt keinen Auspuffsammler und wird ohne Prophaube geflogen.

Vom Jagdverband abgegebene Ar 68E (Jumo 210 Da) auf dem Platz der A/B 14 Klagenfurt, 1942, Arbeitsplatz Aigen. Auch hier fehlen die Radverkleidungen.

Als K-Maschine bei der A/B 115 Wels, 1942. Hinter der Motorverkleidung der Wappenschild der Schule mit einem Wels. Ar 68E, RT+NF.

Nach Einführung der Bf 109 bei den Jagdgeschwadern vereinnahmen die Flugzeugführer- und Jagdfliegerschulen auch die überschüssigen He 51-Jagdflugzeuge. Bei der Sch./Flea.11 Schönwalde die He 51 als K-Flugzeug, eine Leihgabe der Jagdfliegerschule Werneuchen.

Nachgetarnte He 51 im März 1942 am Abstellplatz der A/B 120 Prenzlau.

Bei dieser bereits ziemlich ramponierten He 51 hat man nicht nur die stromlinienförmigen Radkappen, sondern auch die Verkleidung der Fahrwerkbeine entfernt. Daß auch das Seitenruder ersetzt wurde, beweist das doppelt erkennbare Hakenkreuz. A 43 Crailsheim, Arbeitsplatz Nellingen, April 1944.

Ein weiteres K-Modell bei den Schulen ist die Hs 123, ein durch die Ju 87 ersetztes Sturzkampfflugzeug. Anfang Oktober 1939 ergeht an die FFS der Befehl, alle vorhandenen Hs 123 in Einsatzbereitschaft zu versetzen, also die 4 x ETC 50 unter den Tragflächen sowie die beiden Starr-MG's wieder einzubauen. Hs 123A, WL+IPNC, der Sch./FAR 41 Frankfurt/Oder im September 1939.

Das Standardjagdflugzeug der ehemaligen tschechoslowakischen Fliegertruppe als K-Maschine bei einzelnen FFS. Diese Avia B 534-I, RC+FS, fliegt bei der A/B 115 Wels. Die Kabinenabdeckung mit Schiebedach ist hier auf den Rumpf aufgesetzt.

Avia B 534-IV mit der herkömmlichen Einstrakung des Führersitzes in den Rumpf und vier starren MG's. Prag-Rusin, 1940

Das Übel mit der W 33: Start abgebrochen wegen hartnäckiger Bodenhaftung. Die Triebwerksleistung reicht oft nicht aus, eine vollbesetzte Maschine vor der Platzgrenze in die Luft zu bringen. W 33he, D-OMIX, der FFS B Oldenburg, 1937.

Die gleiche Kalamität noch einmal. D-ORUT, eine W 33he gerät in Oldenburg beim Ausrollen über die Rollfeld-Ringstraße und in weichen Boden.

Die bei der Oldenburger Schule noch vorhandenen W 33 gehen bei der Verlegung nach Pardubitz (September 1939) mit an den neuen Standort. A/B 32 Pardubitz, W 33he, DK+AM, Dezember 1941.

Obwohl längst ausgemustert, sind in den ersten Kriegsjahren solche Uralt-Muster, wie die F 13 WL-OKEZ, noch vereinzelt an Schulen anzutreffen; hier im März 1940 bei der Sch./FAR 11 Schönwalde.

Nachfolgemuster der W 33 wird die Ju W 34 in den Baureihen hi und hau. Beim Verbandsflug W 34hi, D-OXEE, und W 34hau D-OBLG der LKS Regensburg-Obertraubling, im Oktober 1939.

Beim Einbrechen in weichen Boden neigt die W 34hi mit ihrem kurzen Motorenvorbau leicht zum Überschlagen. Die D-OPEX der Blindflugschule Neuburg/Donau hat es bei einer Außenlandung „erwischt".

Blick in den Führerraum des B2-Flugzeuges Junkers W 34. Am oberen Bildrand das Handrad zum Bedienen des Peilrahmens. Oben rechts der Peilempfänger, darunter am Boden der Batterien-Satz. Links der Durchgangstür die Sendeanlage.

„Ist der Funker ausgeruht – wird meist die Eigenpeilung gut!" Der hintere Rumpfraum der W 34 bei einem Überlandflug, mit Bordfunker in Grundstellung!

Luftgekühlter Motor BMW 132A der W 34hi mit Ju-Pak-Luftschraube. Bei der Landung rollt diese Maschine der Sch./FAR 33 Elbing in eine Schneewehe, das Fahrwerk wird abgeschert. Januar 1940.

Beim Überlandflug, die W 34hi, TK+BN, der Flugzeugführerschule (C) 13 Roth-Kiliansdorf, Juli 1943. Sowohl bei der hi als auch der hau ist die Nachrüstung eines Drehringes D 30 mit MG 15 und einer Bombenabwurfanlage VEMAG 3 C 50/VII vorgesehen. Als Zielgerät gelangt dabei ein Sehrohr GF 218 im Rumpfboden zum Einbau.

Zur Winterausrüstung der W 34 zählt ein stabiler Schneekufensatz (Hohlkörper). W 34 der A/B 63 Marienbad beim Start, Winter 1940/41, Arbeitsplatz Vilseck.

Langjähriger Fluglehrer bei der A/B 14 Klagenfurt ist Fw. Josef Jungnickel, hier vor einer W 34hi, DS+CB, Februar 1944.

Abbremsen der W 34hau, D-OLYQ, auf dem Platz der LKS Werder/Havel, Juli 1939. Auf der Rumpfoberseite erkennbar das Abdeckblech des Drehkranz-Ausschnittes.

Der klotzige Bramo 322 (715 PS) mit Vierblatt-Holzluftschraube bietet das Hauptunterscheidungsmerkmal der W 34hau gegenüber der hi. Die weit heruntergezogene Auspuff-Sammleranlage der Firma Eberspächer ist ein weiteres typisches Kennzeichen der hau.

Der Umrüstsatz „Schneekufen" auch für W 34hau bei Schulbetrieb auf verschneitem Platz. Die CE+AR fliegt im Winter 1941/42 bei der FFS A/B 7 Plauen.

Eine landende Ar 76 kollidiert mit der abgestellten W 34hau DD+IJ. FFS A/B 116 Göppingen, Herbst 1941.

Zur Umschulung auf zweimotorige Flugzeuge wird bereits 1937 der Luftwaffeninspektion 9 (Flugzeugführerschulen) die Fw 58 „Weihe“ zugewiesen, jedoch von ihr abgelehnt. Wie sich herausstellt, mit Recht. Wegen eingebauter Flächenanschlußbolzen mit zu geringer Festigkeit müssen im Herbst 1938, kurz nach der Lieferung, ganze Baureihen der Fertigung Focke-Wulf, Fieseler und MIAG aus dem Flugbetrieb gezogen werden.

Das Boschhorn für Vergeßliche. Beim Drosseln der Motore auf Leerlauf, ohne vorher das Fahrwerk ausgefahren zu haben, beginnt hinter dem Flugzeugführer der „Weihe“ eine lautstarkes Bosch-Horn sein Tuut-Konzert. Auf diese Weise werden die Schüler auf ein verhängnisvolle Nachläßigkeit beim Anschweben zur Landung aufmerksam gemacht.

Ungewöhnliche Position des Balkenkreuzes auf dieser Fw 58C, WL-OBRT, der Sch./FAR 32 Pardubitz. Dieses Nationalitätszeichen soll seit 1.1.1939 militärisch aufgerüstete Schulflugzeuge kennzeichnen und eigentlich anstelle des Trennstriches in der WL-Rumpfbeschriftung stehen.

Der unverglaste Glattblechbug ist Hauptmerkmal der Fw 58C-Version. In dieser Ausführung dient das Flugzeug zur B2-, FT- und Instrumentenflug-Ausbildung. Das Bild macht die schlanke, fast segelflugzeugähnliche Tragfläche deutlich. A/B 71 Proßnitz, Arbeitsplatz Stichowitz, Oktober 1941.

Vorbereitung zum Überlandflug mit einer Fw 58C der A/B 23 Kaufbeuren im Februar 1943.

Bei einer Nachtlandung am 23. September 1941 erleidet die Fw 58C BB+GJ einen Fahrwerkbruch. Sch./FAR 71 in Proßnitz.

In sehr eigenwilligem Anstrichschema präsentiert sich die DK+FE, eine Fw 58C bei der LKS 7 Tulln im Oktober 1943. Hier ist offensichtlich die Anordnung vom Januar 1942, alle Schulflugzeuge mit schwarzgrünem Tarnanstrich zu versehen, nur halbherzig durchgeführt worden.

Zur Bombenwurf- und Schießausbildung hat die Fw 58B einen verglasten Bug und MG-Stand auf der Rumpfoberseite erhalten – und dabei gleichzeitig ihren Spitznamen als „Leukoplast-Bomber“ weg. Die WL+OSBM der A/B 24 Parndorf ist entsprechend ihrer Verwendung korrekt gekennzeichnet (Balkenkreuz anstelle des Trennstriches im Rumpf-Kennzeichen).

Zweisitzige K-Flugzeuge der Kategorie B zum Erfliegen der K-Zeit bei den Schulen. Weite Verwendung findet dabei das ehemalige Aufklärungsflugzeug He 45. Auf dem Bild TE+NJ bei der LKS 1 Dresden-Klotzsche im Juni 1942.

Winterlicher Schulbetrieb auf dem Platz der A/B 7 Plauen im Winter 1939/40. He 45, NC+AX, mit Flachprofil-Schneekufen, die wegen Überbelastung beim Landen oft brechen und zu Schäden führen.

Aus tschechischer Produktion stammt diese Aero Ab.101 mit Hispano-Suiza-Motor. Als leichter Bomber und Aufklärer hatte die Ab.101 im Spanischen Bürgerkrieg in großer Zahl Verwendung gefunden. Als S7+B 103 fliegt die abgebildete Maschine im Juni 1939 bei Sch./FAR 33 Ingolstadt als K-Flugzeug.

Ein anderer „Tschechen-Bomber“ in der Größenordnung der He 45 ist die hochbeinige Letov S 328. Die letzten 25 Flugzeuge der vor der Besetzung des Landes in Prag angelaufenen Großserie werden mit deutscher Instrumentierung und Einbaumöglichkeit für ein Reihenbildgerät fertiggestellt. BB+DI der A/B 32 Pardubitz, November 1941.

Als Entwurf aus dem Jahr 1932 bleibt die Letov S 328 bis zum Einmarsch der deutschen Truppen als zuverlässiges Mehrzweckflugzeug bei den tschechoslowakischen Luftstreitkräften. Der 580 PS Walter „Pegasus“ garantiert dabei Flugleistungen im Rahmen des internationalen Standards. K-Flugzeug PM+XB der A/B 13 Pilsen, Arbeitsplatz Bayreuth, März 1941.

Französischer Herkunft ist das Mehrzweckflugzeug Breguet 19, hier mit einem Gnôme-Rhône 9AC-Triebwerk. Dieses Baumuster ist bei den deutschen FFS nicht zu finden, dagegen vermehrt bei den Ausbildungsstellen verbündeter Luftwaffen, wie hier der kroatischen in Sarajewo.

Nachdem bei den Verbänden durch die Hs 126 ersetzt, bleibt die Heinkel He 46 noch lange Jahre als K-Maschine bei den Flugzeugführer- und Waffenschulen. In RLM-grauem Anstrich die S7+J37 der FFS (B) Oldenburg, Mai 1939.

Die S2+A35 der Sch./FAR 22 in Neustadt-Glewe wird mit dem bei den Verbänden vorgeschriebenen Tarnmuster übernommen. August 1939.

Reines Übungsflugzeug He 46E, Drehring D 30 ausgebaut, FT-Anlage reduziert, beim Schulbetrieb in Gabbert/Pomm., dem Arbeitsplatz der A/B 120 Prenzlau. VB+AJ im Februar 1942.

Im Gegensatz zu den Vorgängermustern mit Siemens-Halske (Bramo)-Motoren, erhält die Baureihe He 46F das Triebwerk Armstrong-Siddeley „Panther“ mit einer NACA-Haube. BV+WP für Flugzeugführer- und FT-Ausbildung bei der A/B 13 Pilsen, Oktober 1940.

Als Sturzkampfflugzeug konnte die He 50 mit der Hs 123 und Ju 87 nicht konkurrieren, wird deshalb den FFS als K-Flugzeug zugewiesen. Aus der späten Serie der Version He 50B dieses Exemplar mit Dreiblatt-Metall-Luftschraube, Auspuffsammler-Anlage und dem typischen Breitspurfahrwerk.

Vorläufermuster der Hs 126 ist die Hs 122. Eine kleine Serie geht nach der Erprobung in Rechlin an die Schulen der Flieger-Ersatz-Abteilungen. Hs 122A, D-IUTO, auf dem Hallenvorfeld in Detmold, Sch./Flea 14, Frühjahr 1937.

Rechts: Zum Typen-Erfliegen und Sammeln von K-Stunden verfügt die LKS 1 Dresden über diese Hs 126B-1. Der Bramo 323A wird über Schwungkraftanlasser mittels Handkurbel zum Laufen gebracht.

Mitte: Seit 1932 in der Erprobung, ab 1933 als Zubringer- und Kurzstreckenflugzeug bei der DLH im Einsatz: die He 70 „Blitz“. Für die Luftwaffe wird die Serie He 70F aufgelegt (Abwurfanlage, Reihenbildgerät, Abwehrwaffe) und nach der Einsatzerprobung im Spanischen Bürgerkrieg anschließend den FFS als K-Trainer zugeführt. He 70F, D-ORYF, im April 1938 bei der Sch./Flea. 14 Detmold.

Unten: Wie ein Augapfel werden die wenigen He 70 bei den Luftwaffen-FFS gehütet, denn sie bleiben über die Kriegsjahre hinweg das Traumflugzeug jedes fortgeschrittenen Flugschülers. Am Start in Zwölfaxing die He 70F, TR+HY, A/B 114, Mai 1942.

Für die französische Armée de l'Air werden im Jahr 1939 von den USA die Schulflugzeuge North American NAA 57 und NAA 64 geliefert. Nach Beendigung des Westfeldzuges gelangen diese Zweisitzer an die Dienststelle Chef A.W., die sie Jagdfliegervorschulen und Flugzeugführerschulen A/B zuweist. Landeunfall der NAA 57, CF+XW auf dem Arbeitsplatz Bronkow der A/B-Schule 82 Cottbus; Herbst 1940.

Die NAA 64, hier KR+IA der A/B 116 Göppingen, unterscheidet sich von dem Vorgänger NAA 57 äußerlich primär durch ihr hohes Zuckerhut-Leitwerk.

Ehemals französische NAA 64 mit dem typischen langen Kabinenaufbau und Einbein-Starrfahrwerk; hier als Übungsflugzeug der LKS 1 in Dresden-Klotzsche, September 1941. Einige anfangs unerklärliche Flugunfälle resultierten aus der mangelhaften Abführung der Motoren-Abgase, die in die Kabine gelangten und zu Ohnmachtsanfällen der Insassen führen konnten.

Die Absicht, das französische Schulflugzeug Morane-Saulnier 430 nach dem Juli 1940 weiter für die deutsche Luftwaffe in der Fertigung zu halten, wird nicht verwirklicht. Vergleichbar mit der Ar 96, rechtfertigen geringfügige Leistungsunterschiede nicht den Produktionsaufwand. Einige Maschinen, wie diese in Bordeaux-Merignac, werden nach Rechlin zur Erprobung überflogen.

Auf der Arado Ar 96 werden gegen Ende der B-Ausbildung die Flugschüler auf eventuelle Eignung zum Jäger oder Zerstörer getestet. Entsprechend ist das Baumuster auch als Übungsflugzeug bei Jagdflieger- und Zerstörerschulen zu finden. Version Ar 96A, BI+AC, mit As 10C, Fluglehrerschule Brandenburg-Briest, Mai 1941.

Fluglehrer Rudi Hener mit Schüler hat seine Ar 96B gerade vom Stettiner Platz abgehoben; das Fahrwerk in der Einziehphase. RB+UN der A/B 118 Stettin.

Der 465 PS starke As 410A in der Ar 96B weist eine aerodynamisch gestrecktere Verkleidung als der As 10C in der A-Version auf. Bei diesem Baumuster ist vom Schüler besonders auf die Verriegelung des Vorflügels bei Kunstflug zu achten. Flugschüler Ludwig Schranner mit einer Ar 96B-1 bei der LKS 7 Tulln, Frühjahr 1944.

Ar 96B in einer Steilkurve. Die Verkleidungsbleche des nach dem Rumpf hin einziehbaren Fahrwerks sind, im Gegensatz zu dieser Aufnahme, meist abgenommen, um nicht als „Grasfänger" auf unbefestigten Plätzen zu wirken.

Der Klemmbock für eine ESK 2000 (Elektrische Schmalfilmkamera) unterhalb des Führersitzes der vorn fliegenden Ar 96B, dazu der starre MG-Einbau lassen die Vermutung zu, daß diese drei Flugzeuge einer Jagd- oder Zerstörerschule angehören; wahrscheinlich Zerstörerschule Schleißheim.

Eine Weiterentwicklung der Ar 96 läuft nur noch in wenigen Exemplaren als Ar 396 bei Letov/Prag und SIPA/Frankreich vom Band. Mit einem As 411-Motor weist das neue Baumuster wesentliche Leistungsverbesserungen auf.

Bei der Regia Aeronautica als zweisitziger Trainer eingeführt, geht Ende 1943 das Bestreben dahin, die bei der italienischen Fliegertruppe sichergestellten Nardi FN 305 in den Bestand der Luftwaffen-Schulen einzugliedern. Die A 14 Klagenfurt erhält eine Anzahl dieser schnittigen Tiefdecker.

Am südlichen Rand des Truppenübungsplatzes Grafenwöhr liegt Vilseck, Arbeitsplatz der A/B 63 Marienbad. Drei kleine Hangars bieten Unterstellmöglichkeit für etwa 15 Schulflugzeuge. Stammpersonal und Flugschüler sind in Holzbaracken untergebracht. Nach Auflösung der Marienbader Schule, im Sommer 1942, wird das Fluggelände von anderen Ausbildungsstellen weitergenutzt.

Der Platz der Flugzeugführerschule A/B 116 zwischen Göppingen und Eislingen. Am nördlichen Platzrand sind die Hangars zu erkennen, im daran anschließenden Waldgelände die Unterkünfte. Die A/B 116 bleibt bis zu ihrer Auflösung an diesem Standort. Luftbild vom Mai 1945.

5 d. Flugzeugführerschulen (See)

FFS (See) 1 Warnemünde

Hervorgegangen aus der Zweigstelle der DVS Warnemünde (seit 1925). Auch nach der Machtübernahme 1933 als Fliegerschule (See) sowohl Land- als auch Seefliegerschulung auf einem See- und einem Landfliegerhorst am Breitling. Ausbildungsrahmen A/B und C. Ab Januar 1941 Abgabe von Personal und Gerät an andere Schulen, zum Großteil an A/B 10. Die bisherige C- und Seefliegerausbildung wird fortan bei der Flieger-Ergänzungsgruppe (See) Kamp/Pomm. und in größerem Rahmen bei den Fliegerwaffenschulen (See) fortgesetzt.

Kdr.: ?

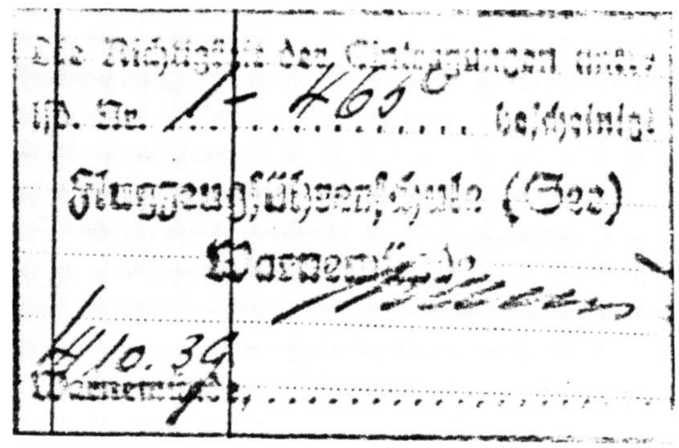

FFS (See) 2 Pütnitz b/Ribnitz (Ostsee)

Als Fliegerschule (See) im April 1936 aufgestellt; danach kontinuierlich See- und Landfliegerausbildung A/B und C. Erhält am 1.9.1939 die Bezeichnung FFS (See) 2 und existiert unter diesem Namen bis Dezember 1940. Umbenennung im Januar 1941 in FFS (C) 17 Pütnitz als reine Landschule. Seeausbildung geht an Fl.Erg.Gr. (See) Kamp über.

Kdr.: Oberst Hermann Becker, Oberst v. Arnim,
Oberst v. Ledebour.

FFS (See) 3 Stettin

Am 1.4.1934 als Zweigstelle Stettin der DVS aufgestellt, mit Programm Ausbildung Land und See bis zum C-Schein. Umbenennung am 1.4.1936 in FFS (See) Stettin, zeitweise auch als „Kleine FFS (See)“ bezeichnet. Zum 1.9.1939 als FFS (See) 3 geführt und bis Ende 1940 Durchführung von A/B-Schulung, wobei die C-Ausbildung von den Fliegerwaffenschulen (See) übernommen wird. Danach wahrscheinlich in A/B 118 aufgegangen (s. dort).

Kdr.: ?

30. 5. 1936

10. 6. 1940

30. 4. 1937

Die A-Ausbildung künftiger Flugzeugführer (See) erfolgt im allgemeinen auf Landflugzeugen, die reine Seefliegerschulung setzt erst auf B-Maschinen ein. Vor der Heinkel-Werft in Rostock eine He 60 der nahen FFS (See) Warnemünde vor dem Abnahmeflug. Die He 51 am rechten Bildrand gehört zu einem Jagdgeschwader.

He 60-Reihe an der Ablaufbahn der Seefliegerschule Warnemünde. Die Verwendung der ehemaligen Küstenaufklärer bleibt vielseitig: Flugzeugführer- und Funkerausbildung, Beobachterschulung und Schießen aus der Luft auf Schleppsack und schwimmende Scheibe.

Wegziehen einer He 114 nach einem Zielanflug. In kleiner Stückzahl fliegt auch dieses Interims-Aufklärungsflugzeug im Schulbetrieb bei der FFS (See) 1 Warnemünde. Die Mehrzahl der He 114 wird nach Rumänien und Schweden exportiert.

Ein seltener Gast in Warnemünde. Fw. „Jule" Hembus führt mit einer in Norwegen erbeuteten Horten MF 11, KP+MW, von Bergen aus einen Übersee-Erprobungsflug nach Warnemünde durch. Mai 1941.

In der Schwimmerversion, eine W 34hi im Dienst der FFS (See) 3 Stettin. Im Ausbildungsprogramm B2 werden auf ihr Flugschüler für eine Weiterschulung auf C-Seeflugzeuge vorbereitet. Mai 1940.

Kriegsende in Kiel-Holtenau. Zwischen zerbombten Hangars eine ausgeschlachtete Ar 196A der Ergänzungs-Bordfliegerstaffel Kamp. Nach Auflösen der reinen FFS (See) verlagert sich die Ausbildung auf Seeflugzeuge zu den Fliegerwaffenschulen (See) und der Flieger-Ergänzungsgruppe (See) in Kamp/Pommern.

Entlang der pommer'schen Ostseeküste He 115 bei einer Verbandflugübung. Diese He 115B, SD+YE, ist sowohl mit dem MG 15 im Rumpfbug als auch dem Bombenzielgerät ausgerüstet. Fl.Erg.Gr. (See) Kamp, Juni 1940.

Bevorzugt für Transportaufgaben im Raum Skandinavien und Ostsee herangezogen, werden die veralteten He 59-Schulflugzeuge nach und nach „aufgebraucht". Am Steg in Warnemünde werden die Motore einer He 59B für einen Navigationsflug nach Pillau/Ostpr. abgebremst.

Zur Umschulung von Besatzungen auf Flugboote dient während der Vorkriegsjahre die Dornier J IId „Militär-Wal". Die S6+B76, Baujahr 1934, mit 2 x BMW VI-Motoren und drei Waffenständen. FFS (See) Stettin, Juli 1939.

Das Do 18-Flugboot steht seit Ende 1941 als Einsatzflugzeug auf dem Aussterbe-Etat, findet danach nur noch gelegentlich im Seenot-Suchdienst Verwendung. Entsprechend frühzeitig wird dieses Baumuster aus den Verbänden herausgezogen. Do 18D, von der 2. Küstenfliegerstaffel/406 bei Abgabe an die FFS (See) Warnemünde, Sommer 1940.

5 e. Flugzeugführerschulen C

Als der Urahn aller in den 30er Jahren aufgestellten C-Schulen darf die Deutsche Verkehrsfliegerschule (DVS) mit ihren sorgfältig ausgearbeiteten Ausbildungsrichtlinien angesehen werden. Aus dem Personal dieser Institution und ihrer Zweigstellen rekrutiert sich auch zwangsweise der Stamm der frühen C-Fluglehrer sowie der Kader der Kommandeure.
Aufgabenbereiche sind die Weiterbildung fertig ausgebildeter B2-Flieger auf schwerere, mehrmotorige Flugzeugbaumuster, Intensivierung der Kenntnisse in Navigation, Instrumentenflug und Wetterkunde, und damit entsprechende Einführung in die Nacht- und Blindflugausbildung. Der Erwerb des Erweiterten Luftwaffen-Flugzeugführerscheines (ELF), und damit Qualifikation zur Blindflugausbildung setzt das erfolgreiche Absolvieren einer C-Schule voraus.
Neben reinen Schulflugzeugen der Kategorie C sind bei den C-Schulen, zeitverschoben, von Verbänden abgegebene, veraltete Einsatzbaumuster zu finden:

C2/Land : Do 11, Do 23, Do 17, He 111, Ju 52, Ju 86, Ju 88
C2/See : Do„Wal“, Do 18, He 59, He 115.

Wie auch bei den FFS A/B, weisen die Bestandslisten der FFS C mit fortschreitender Kriegsdauer erbeutete oder übernommene Flugzeuge ausländischer Herkunft auf; diese nehmen jedoch im Gesamten gesehen einen nur verschwindend kleinen Teil der Ausstattung der Schulen ein.
Zum 15.10.1943 erfolgt mit der Unterstellung der C-Schulen in den Dienstbereich „Höheres Kommando der Blindflugschulen/Berlin-Tempelhof“ generell eine Umbenennung in FFS B, die Aufgabenstellung bleibt jedoch die gleiche. Noch früher als bei den A-Schulen kommt es zu Auflösungen dieser B-Schulen, einfach weil der Bedarf an Flugzeugführern für Kampf-, Transport-, Fernaufklärungs- und Nachtjagdverbände gegenüber den Vorjahren stark rückläufig ist. Die Schwergewichtsverlagerung auf Tagjagd- und Schlachteinheiten macht die Weiterbildung zum Erwerb des C-Scheines nicht mehr erforderlich. Es ist nicht nachzuweisen, daß auch nur eine C- (oder nach Umbenennung B-) Schule über das Jahresende 1944 hinaus existiert hat.
Personelle Besetzung und Geräteausstattung sind bei dieser Schulgattung infolge der den ganzen Krieg über praktizierten Abgaben und Kommandierungen an z.b.V.-Kampfgruppen (Transporteinheiten), schwankend. Als Beispiel mag hier die Bestandsmeldung der FFS (C) 15 für den 21.3.1941 stehen:

	Soll	Ist
Fluglehrer	40	26
Hilfsfluglehrer	–	8
Flugschüler	160	209
Flugzeuge	78	48

Die permanenten Erschwernisse im Flugbetrieb verdeutlicht diese Aufstellung.

FFS (C) 1
Offiziell: FFS (C) 1 Pyritz, Standort Sorau-Niederschlesien. Hervorgegangen aus der alten Fl.-Ausbildungsstelle Sorau; wird über FFS E (C) und Zusammenschluß mit der Fliegerwaffenschule E Stolp-Reitz ab Januar 1940 FFS (C) 1. In Sorau bis Oktober 1942 nachweisbar, danach wahrscheinlich aufgelöst. Hauptplatz Sorau, Arbeitsplatz Freiwaldau.
Kdr.: Oberst Rutgers.
Im Februar 1943 entsteht aus der A/B 51 durch Umwandlung eine neue (C) 1 in Schweinfurt, ab 15.10.1943 als B 1 bezeichnet. In Schweinfurt und auf dem Arbeitsplatz Bayreuth-Bindlach Schulbetrieb bis Juli 1944.
Kdr.: ?

FFS (C) 2
Aus der Fliegerschule Neuruppin (seit 1936) durch konsequente Erweiterung zur FFS (C) 2 Neuruppin ausgebaut. Bei gleichbleibendem Standort Ausbildungstätigkeit bis August 1944.
Kdr.: Oberst Rötter, Maj. Albert Hane.

FSS (C) 3
Urzelle ist die FFS E Alt-Lönnewitz, Standort Sprottau, eine Schule mit reinem A/B-Betrieb. Umwandlung dieser Schule im Februar 1939 in eine FFS E (C), bei gleichzeitiger Verlegung nach Alt-Lönewitz b/Torgau und Übernahme von Teilen der Streckenschule. Ab Januar 1940 numerisch FFS (C) 3. Existiert in Alt-Lönnewitz bis Juli 1944, mit Arbeitsplätzen Alteno/Nieder-Lausitz, Pretzsch/Elbe und Gahro/Nd.-Lausitz.
Kdr.: Maj. (Oberst) Walter Fruhner, Maj. Kalew.

FFS (C) 4

Entstanden aus der, in eine C-Schule umgewandelten Fliegerschule Perleberg, die als FFS (C) im November 1939 auf den Fliegerhorst Sprottau verlegt. Verbleib in Sprottau bis zum Auslaufen der Schulung im Juli 1944. Hauptplatz Sprottau a. d. Bober, Arbeitsplätze Aslau/Niederschles. und Sagan-Küpper/Niederschles.

Kdr.: Oberstltn. Marcard, Maj. Schlüter, Oberstltn. Daser.

FFS(C) 5

Die am 1.4.1934 aufgestellte DVS-Filiale Cottbus verlegt im Juli 1935 nach Ludwigslust/Mecklenburg, wird dabei gleichzeitig FFS (C). Im Oktober 1939 Verlegebefehl nach Neubrandenburg und dort seit Januar 1940 FFS (C) 5. Den ganzen Krieg über an diesem Garnisonsort, dabei Schulung bis Juli 1944. Hauptplatz Neubrandenburg/Mecklbg., Arbeitsplatz Anklam b/Swinemünde.

Kdr.: Hptm. Otto Fruhner, Oberst Gerick.

FFS (C) 6

Die im Oktober 1937 etatisierte FFS (C) Stade geht im August 1939 nach Burg b/Magdeburg und verlegt nach 3 Monaten, im Oktober 1939, an den endgültigen Standort Kolberg/Ostsee. Seit Januar 1940 FFS (C) 6. Verbleib in Kolberg bis zum Einstellen des Schulbetriebes im Juli 1944. Hauptplatz Kolberg, Arbeitsplatz Pinnow/Pomm..

Kdr.: Oberst Beer, Oberst Frühner, Oberst Köster, Oberstltn. Friedeburg.

FFS (C) 7

Die Fliegerschule Celle (1934 Kdr. Maj. v. Döring) gilt als Keimzelle dieser Schule. Seit Juli 1937 FFS (C), geht die Celler Schul-Einheit im November 1939 nach Finsterwalde/Niederlausitz und wird dort im Januar 1940 FFS (C) 7 mit Hauptplatz Finsterwalde und den Arbeitsplätzen Alteno und Gahro. Verlegung im April 1943 nach Clermont-Ferrand, im besetzten Frankreich. Zurücknahme im April 1944 nach Gablingen b/Augsburg und Ausbildung bis Mai 1944. Möglicherweise danach Umwandlung in A 5.

Kdr.: Oberst Cornelius Edzard.

FFS (C) 8

Als Fliegerschule Fürth im Mai 1935 Aufnahme der fliegerischen Schulung mit 30 A-Schülern; im April 1937 Umwandlung in FFS (C) Fürth. Hauptplatz Fürth-Atzenhof, Arbeitsplätze Unterschlauersbach und Illesheim. Freimachen des alten Verkehrslandeplatzes im September 1939 und Verlegung nach Wiener-Neustadt, dort ab Januar 1940 FFS (C) 8. Im Juni 1944 Auslaufen der Ausbildung. Hauptplatz Wiener-Neustadt, Arbeitsplätze Eisenstadt, Parndorf und Trausdorf b/Eisenstadt.

Kdr.: Maj. (Oberstltn.) Dr. Dr. Gade, Oberst Grube.

FFS (C) 9

Als Fl.-Üb.-Stelle Roth-Kiliansdorf im Spätjahr 1937 aufgestellt, im April 1938 Umbenennung in FFS E(C). Wegen schlechter Platzverhältnisse keine C-Schulung in Kiliansdorf möglich, deswegen bis September 1938 Schulbetrieb in Erding. Trotz noch immer mangelhaftem Platzausbau Anlaufen in Kiliansdorf im Oktober 1938. Im April 1939 wird aus der FFS E (C) eine reine Luftwaffen FFS (C). Der schlechte Platz zwingt im September 1939 zum Ausweichen nach Bayreuth-Bindlach und Amberg-Schafhof, jedoch unter Beibehaltung der ursprünglichen Bezeichnung FFS (C) Kiliansdorf. Endgültiger Platzwechsel im November 1939 nach Altenburg/Thür., und dort seit Januar 1940 FFS (C) 9 Altenburg. Hauptplatz Altenburg, Arbeitsplatz Windischenlaibach. Einzelne Gruppen der Schule werden von Mai bis August 1941 zur Schulung auf Ju 88 nach Mannheim-Sandhofen kommandiert. Verlegen der Gesamtschule im August 1942 nach Pretzsch/Elbe, dort Auflösung im September 1944.

Kdr.: Oberstltn. Steindorf, Oberst Johns.

FSS (C) 10

Stammverband ist FFS (C) Landau/Isar mit Standort Erding, da der Flugplatz Landau-Ganacker noch im Ausbau. Von Erding im November 1939 Verlegung nach Fürstenwalde/Spree. Dort seit Januar 1940 FFS (C) 10 mit Hauptplatz Fürstenwalde und Arbeitsplätzen Neuhardenberg und Eggersdorf. Auslauf der Ausbildung im Juni 1944.

Kdr.: Oberstltn. Bauerhiss, Maj. Nöske.

FFS (C) 11

Neuaufstellung im Sommer 1939 als FFS (C) Zeltweg/Ostmark. Seit Januar 1940 numerisch FFS (C) 11. Verbleib und Schulbetrieb bis Juni 1944. Keine Arbeitsplätze, nur Hauptplatz Zeltweg.

Kdr.: Oberst Benz.

FFS (C) 12

Neuaufstellung im Januar 1940 in Prag-Rusin. Als FFS (C) 12 dort nachweisbar bis Juni 1942. Wahrscheinlich danach aufgelöst und als Blindflugschule 3 neu aufgestellt.

Kdr.: Oberst Horst Merz.

FSS (C) 13

Neuaufstellung am 1. Januar 1940 in Rosenborn/Zopten (Niederschlesien). Im Juni 1941 Verlegung nach Nancy/Frankr. mit den Arbeitsplätzen Toul und Delme. Im Februar 1942 Nancy für eine Fliegerwaffenschule (Jagdfl.-Schule 7) geräumt und verlegt nach Roth-Kiliansdorf. Auslaufen der Schulung in Kiliansdorf ab Juni 1944. Arbeitsplätze Unterschlauersbach, Öttingen und Deiningen.

Kdr.: Oberst Liebmann, Oberst Schlüter.

FSS (C) 14

Neuaufstellung im Januar 1940 in Ohlau/Oder, südöstl. Breslau. Mitte 1941 (Mai ?) Umbenennung der (C) 14 in (C) 19 Ohlau (s. dort).

Eine FFS (C) 14 wird im Juli/August 1941 in Prag-Gbell neu etatisiert und im Juli 1944 aufgelöst.
Kdr.: Maj. Deutsch, Oberstltn. v. Haustein.

FSS (C) 15

Aufstellung am 1.1.1940 in Lüben/Niederschles., wird jedoch, nachdem der Schulbetrieb gerade voll angelaufen war, im September 1940 nach Gablingen b/Augsburg verlegt. Hauptplatz Gablingen mit Arbeitsplatz Eutingen. Verbleib bis Januar 1943, dann Verlegung nach Bourges/Frankr. mit Arbeitsplatz Avord. In dieser Zeit Zuteilung von He 177 für Besatzungseinweisung auf dieses Baumuster. Erneutes Umsetzen der Schule im Mai 1944 nach Steinamanger (Szombathely)/Ungarn. Ab August 1944 Abgabe des Fluggerätes an Verbände und andere Schulen. Im Oktober 1944 Auflösung fertig abgewickelt.
Kdr.: Maj. Kupschus, Oberstltn. Dr. Bormann,
Maj. Traeger, Maj. Dr. Grote, Maj. Hane.

FFS (C) 16

Aufstellung im Mai 1940 in Burg b/Magdeburg, dort ständiger Verbleib bis zur Auflösung im Juli 1944. Hauptplatz Burg, Arbeitsplätze Weißenwarthe/südl. Stendal, Sachau b/Gardelegen und Magdeburg-Ost.
Kdr.: Maj. (Oberst) Branning, Maj. v. Konschegg.

FFS (C) 17

Umwandlung der FFS (See) 2 im Januar 1941 in FFS (C) 17 Pütnitz. Hauptplatz Pütnitz b/Ribnitz, Arbeitsplatz Greifswald/Pomm.. Auslaufender Ausbildungsbetrieb im Juli 1944.
Kdr.: Maj. Schuster, Oberst Knust.

FFS (C) 18

Aufstellung Ende 1941 in Lüben/Niederschles. und Verbleib bis zum Einstellen der Schulung im Juli 1944. Hauptplatz Lüben, Arbeitsplatz Schönfeld-Seifersdorf.
Kdr.: Oberst Bauer.

FFS (C) 19

Enstanden aus der Mitte 1941 umbenannten (C) 14 Ohlau, dabei bleibt Ohlau Stationierungsort. Etwa Juni/Juli 1944 Abgabe der Schulflugzeuge und Auflösung der FFS.
Kdr.: Oberst Zenkominiersky.

FFS (C) 20

Aufstellung im Oktober 1941 in Rosenberg/Zopten. Im November 1941 ist Verlegung nach Kiew/Rußland geplant; wegen Überbelegung des vorgesehenen Liegeplatzes wird Vorkommando im Januar 1942 wieder aus Kiew zurückgezogen. Verbleib in Rosenborn mit Arbeitsplatz Krosno/Galizien bis zum Auslaufen der Ausbildung im Juni 1944.
Kdr.: Oberstltn. Kurt Reich, Oberstltn. Hillmann.

FFS (C) 21

Aufstellung im Oktober 1941 in Bialystok/Ostpolen, mit Hauptplatz Bialystok und Arbeitsplatz Rosken b/Arys (Ostpreußen). Die Schule verlegt im November 1943 nach Königsberg-Devau, im April 1944 weiter nach Thorn/Westpr. und schließlich im Juni 1944 nach Hannover-Langenhagen. Auslaufender Flugbetrieb und Auflösung im September/Oktober 1944.
Kdr.: Oberstltn. Rall, Oberst Zenkominiersky.

FFS (C) 22

Aufstellung im Oktober 1941, geplant in Wien-Aspern, wegen Fremdbelegung des Platzes jedoch in Oels/Niederschles. durchgeführt. Auf Hauptplatz Oels und Arbeitsplatz Liegnitz, einem ausgebauten Fliegerhorst, läuft der Schulbetrieb bis Juli 1944.
Kdr.: Oberst v. Winterfeld.

16. 10. 1941

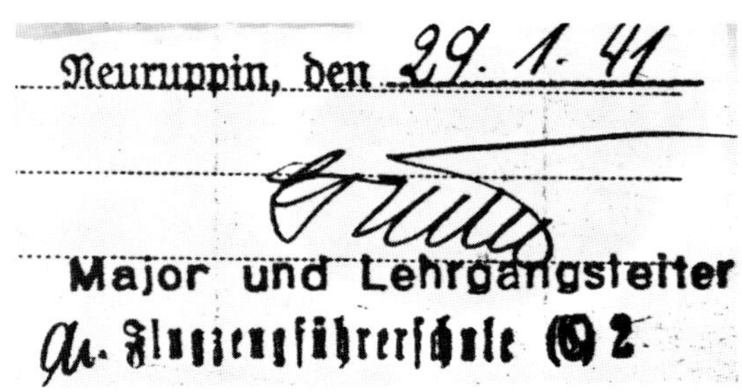

Alt-Lönnewitz, 14. 3. 1944

Ohlau, 28. 5. 1941

Besprechung von Schul-Kommandeuren im Jahr 1942. Ohne Dienstgrade, von links: Merz, v. Haustein, Böhnke, Hamer, Groß, Cornelius Edzard, Otto v. Lachemair, v. Gattersleben, Rudolf Schonger, Wanner, Bruno Wentscher, Leo, Knobel, Wölfing, Meyer, Leesemann, Otto Rödiger, Siegfried, Wagener, Dr. Gade, Seeor, Otto.

Ein französisches Reise- und Kurierflugzeug, die Caudron C 445, mit zwei Renault 6Q 20/21, je 240 PS, wird seit 1941 an die Luftwaffe geliefert. In Issy-les-Moulineaux, einem Vorort im Südwesten von Paris, wird eine große Zahl dieser Zweimotorigen unversehrt vorgefunden. Bis 1943 erfolgt danach der Weiterbau der C 445 für Verwendung bei den FFS A/B und C. Unten der Führerraum des Flugzeuges.

Caudron C 445, DS+NR, als Kurier- und Reiseflugzeug einer Luftflotten-Flugbereitschaft.

Peilrahmen und Antennenmast kennzeichnen die C 445, CD+KN, als Instrumentenflug- und Navigationstrainer. LKS 1 Dresden-Klotzsche, September 1941.

Mit zwei gegenläufigen Luftschrauben und relativ schwachen Motoren läßt die Startleistung der C 445 zu wünschen übrig. Nicht selten kommen bei voller Nutzlast Maschinen beim Start auf kleinen Plätzen nicht vom Boden weg, wie hier die W. Nr. 939 der A 125 Neukuhren. Arbeitsplatz Lyck, Winter 1943/44.

Zum Typen-Erfliegen gibt 1938 die 1.(H)/12 in Stargard dieses bunt gefiederte Exemplar einer Fi 156 „Storch“ für 14 Tage an die FFS (C) Neubrandenburg ab. Eine Anordnung des Jahres 1938 fordert von den C-Fluglehrern die Beherrschung des „Storch“ in allen Fluglagen. Das Vertrautmachen mit der Fi 156 hat dabei direkt bei den Schulen zu erfolgen.

Eine Ju 87 aus der A-O Serie wird der (C) 12 Prag-Rusin im Juni 1940 zum Erfliegen zugeteilt. Nach glaubwürdigen Aussagen eines Fluglehrers soll die Lebensdauer dieses Unikates nicht ganz eine Woche gewährt haben.

Die Fokker G Ib war bei der Niederländischen Luftwaffe als schwerer Jäger eingeführt. Mit Doppelrumpf und zwei Motoren Bristol „Mercury“ gelangen zwei Exemplare der G I zur FFS (C) 8 Wiener-Neustadt. Sie werden dort vornehmlich von Lehrpersonal geflogen. Mai 1941.

C-Flugzeug der Friedens- und Kriegsjahre: die Ju 52/3m. Diese S5+C12 fliegt im September 1938 bei der FFS (C) Fürth. Sie weist keine Waffeneinbauten auf, hat anstelle des Schleifsporn jedoch bereits ein Heckrad.

Mit fortschreitender Kriegsdauer setzt bei den C-Schulen bereits der Aderlaß bei Lehrpersonal und Flugzeugpark ein. Für dringend anstehende Transportaufgaben werden immer häufiger Abgaben zur Aufstellung von zbV-Staffeln befohlen. Eine Ju 52 der (C) 8 im April 1941 bei der K.Gr.z.b.V. 104 in Comiso/Sizilien.

Ltn. Paul Zorner, später ein erfolgreicher Nachtjäger (NJG 3, RK, EL), wird als Fluglehrer der (C) 8 zur zbV-Gruppe 104 kommandiert. Aufgabe: Transportflüge von Trapani über das Mittelmeer nach Nordafrika. Hier läßt Zorner beim Rückflug seinen Nebenmann Kurs halten, und holt versäumten Schlaf nach.

Eine Alarm-Aufstellung für das Sonderkommando Junck. Aus dem Flugzeugbestand der zbV 104 wird eine Staffel zur Versorgung der kleinen Luftwaffenteile, die den irakischen Aufstand gegen die Engländer unterstützen sollen, zusammengestellt. Hier Zorners Ju 52, auf Nationalitätszeichen Irak umgespritzt. 2. Juni 1941 Zwischenlandung auf Rhodos.

Aus der tschechoslowakischen Avia-Lizenzbaureihe F 39 (Fokker F IX) werden 1941 einige Maschinen an die verbündeten kroatischen Luftstreitkräfte abgegeben. Dort findet der dreimotorige Schulterdecker als Schulflugzeug und Transporter Verwendung. Sarajevo, Frühjahr 1942.

Ebenfalls aus tschechoslowakischer Produktion (Aero/Prag) stammen französische Bloch MB 200 Kampfflugzeuge, die ab Ende 1939 auf Luftwaffe C-Schulen verteilt werden. Eine MB 200 im September 1939 bei der (C)-Schule Erding, später (C) 10 Fürstenwalde.

Empfänger einer Reihe ausländischer Baumuster ist auch die (C) 8 in Wiener-Neustadt. MB 200 mit 2 x Walter K 14-Motoren in Wiener-Neustadt 1941.

Als Vorgänger der Dornier Do 23 taucht der zweimotorige Bomber Do 11 schon Mitte der 30er Jahre als Schulflugzeug bei den Fliegerschulen auf. Ein Rundschreiben vom 30.8.1938 befiehlt die Abgabe aller zwischenzeitlich total abgeflogener Do 11-Exemplare zum Ausschlachten an die Zerlegebetriebe.

Ende 1938 wird auch die Do 23 zum Ausschlachten aus den Schulen herausgenommen. Einzige Ausnahmen: Doppelsteuermaschinen. Sie werden weiter in Betrieb gehalten; Ersatzteilbeschaffung dabei über Luftzeugamt Göttingen. Diese Do 23 der FFS E (C) Kiliansdorf hat offenbar die Verschrottungsaktion überlebt; Februar 1939.

Auch die DB+SG, eine Do 23 der (C) 4 Sprottau, erfreut sich im Sommer 1940 noch besten Wohlbefindens. Die letzten Do 23 wandern Ende 1940 an die Fallschirmjäger-Schulen als Absetzflugzeuge ab.

Von der FFS (C) Fürth abgegeben, gelangt die Do 23, S13+D49, an die (C)-Schule Alt-Lönnewitz, Arbeitsplatz Alteno. Das alte Kennzeichen sollte mit Anordnung vom 24.10.1939 eigentlich schon in eine 4-Buchstaben-Kennung umgewandelt sein.

Von den Kampfverbänden zu den FFS (C) verbannte Ju 86D verbleiben nur für wenige Monate bei diesen Schulen. Schon im Dezember 1938 wird die Herauslösung der Ju 86D aus den Schulbeständen befohlen. Sie werden durch Ju 86E mit BMW 132 ersetzt. Ju 86D der FFS (C) Neuruppin, August 1938.

Bei einer Zwischenlandung der Ju 86E, TS+NC, in Finsterwalde, bleibt das Flugzeug in einem Schneehügel stecken. Januar 1941, Flugzeughalter: Luftflotten-Nachrichtenschule 1 Nordhausen.

Eine Ju 86E der (C) 6 Kolberg wartet auf Startfreigabe, Oktober 1940. Mit einem Arbeitsplatz in Pinnow kann die Schulleitung bis Ende 1943, trotz wiederholter Personalabgaben, die vorgegebenen Ausbildungsforderungen erfüllen.

Instrumententafel der Ju 86E mit Blick auf den Bombenschützenraum mit Kuppel-Lafette in der Bugkanzel. Das Flugzeug hat keine zweite Steuersäule, sie würde den Durchstieg in den Rumpfbug versperren. Für den Fluglehrer ist lediglich ein kleiner Schalensitz, ohne Rückenlehne vorhanden.

Mit neuem, planverglastem Rumpfbug ist die Ju 86G für die Rolle eines mittleren Bombers gedacht. Die Produktion läuft jedoch bereits mit etwa 40 Maschinen aus. Diese wandern zu den FFS (C) und Luftnachrichtenschulen.

Linsenlafette mit MG 15 als bewegliche Waffe im A-Stand der Ju 86G. Daneben der Klappsitz des Beobachters (Bombenschütze). Auch hier bleibt kein Platz für ein Doppelsteuer. FFS (C) 6 Kolberg, September 1940.

Charakteristika der Ju 86G: der weit vorragende Rumpfbug und die beiden BMW 132N-Motoren. Rollen zum Start in Prag-Rusin, (C) 12, Juli 1941.

Der französische Bomber Bloch MB 175 wird 1941/42 in Bordeaux in kleiner Stückzahl (etwa 60) für Luftwaffen-Verwendung als Schulflugzeug C weitergebaut. Die beiden Gnôme-Rhône 14N treiben gegenläufige Dreiblatt-Verstell-Luftschrauben.

Vom Mehrzweckflugzeug Potez 63/11 gelangen 135 Einheiten an den Chef A.W. und die verbündete rumänische Luftwaffe. Mit diesem Flugzeug wurden über die Wintermonate 1939/40 noch eine Reihe französischer Aufklärungsstaffeln ausgerüstet, bevor der Waffenstillstand die Produktion in Meaulte und Les Mureaux stillegte.

Nachdem in Achmer und bei der Feindgeräte-Untersuchungsstelle Wiesbaden einer Erprobung unterzogen worden, kommt diese in Griechenland erbeutete Bristol „Blenheim IV“ zur Fluglehrerschule nach Brandenburg-Briest. Über den weiteren Verbleib ist nichts bekannt.

Oben: Die Do 17E in der Rolle eines Schulflugzeuges. Im Freien abgestellt, wird die TI+BL der (C) 6 Kolberg nach nächtlichem Schneefall sauber gefegt und enteist. Winter 1940/41.

Mitte: Seitdem bei den Verbänden die Do 17M-und P-Versionen (mit Sternmotor) zur Auslieferung kommen, beginnt der Rückfluß von E- und F-Maschinen (mit Reihenmotor BMW VI) an die Dienststelle Chef A.W.. Überflug der Do 17F, RN+NF, in Sprottau, FFS (C) 4, März 1941.

Unten: Diese abgestellte Schulmaschine Do 17M der (C) 8 Wiener-Neustadt hat unter dem Tiefstflug einer Ju 88 arg gelitten. Die Schlitze auf den Tragflächen stammen von den Propellerschlägen einer überfliegenden Ju 88 der IV./KG 51. August 1941.

Außer wenigen Exemplaren, die bei der Aufklärungsgruppe Ob.d.L. verbleiben, wandert auch die Do 215B zu den Flugzeugparks der FFS und Waffenschulen ab. Aus einem Fahrwerkschaden resultiert diese Rutschpartie bei der (C) 14 Ohlau, März 1941.

Bisweilen noch mit Heck-Sturzflugbremse werden Do 217 der frühen Baureihe E-2 vom KG 2 an die Schulen abgegeben, nachdem diesem Verband die ersten Do 217E-4 zugewiesen worden waren.

Mit der Fliegerei haben die Liegestütz-„Freiübungen" bei der (C) 6 Kolberg nur wenig zu tun. Es war nicht zu ergründen, wer oder was das Mißfallen des UvD zu diesem Zwischenspiel erregt hat.

Als Verkehrsflugzeug gebaut, taucht die He 111V 14 (mit zwei Sternmotoren BMW 132D) 1939 für einige Monate bei der FFS (C) Fürth auf; sie soll auch die Verlegung nach Wiener-Neustadt mitgemacht haben.

Im Jahr 1939 bei den Kampfverbänden von der He 111P verdrängt, die He 111J. Mit schlankem Rumpfbug und abgesetztem Führerraum bleibt die He 111J nicht länger als ein Jahr bei einigen Kampfgruppen, bevor C- und Kampffliegerschulen den mittleren Bomber und Torpedoträger übernehmen. März 1941, (C) 6 Kolberg.

Nachdem die He 111H vom Band zu laufen beginnt, werden auch die He 111 der P-Baureihen aus den Verbänden ausgemustert. Die GA+MH hat 1942 eine neue Heimat bei der (C) 14 Prag-Gbell gefunden.

Die He 116B ist für eine Verwendung als Fernaufklärungsflugzeug entworfen, mit vier zu schwachen HM 508-Motoren (je 240 PS) dieser Aufgabenstellung jedoch nicht gewachsen. Die sechs gebauten Maschinen der B-Serie fliegen danach Luftbildreihen für die Landesvermessung und tauchen gelegentlich zum Erfliegen bei C-Schulen auf, wie hier bei der (C) 17 in Pütnitz, 1941.

Streng abgesperrt bleibt die Stelle am Platzrand von Gablingen, an der die Me 261V 3, BJ+CR, sich bei der Landung überschlagen hat. Unter dem Decknamen „Spessart" erfolgt 1943 das Einfliegen der Maschine auf dem von der (C) 15 geräumten Flugplatz Gablingen.

An die FFS (C) 16 Burg zugeteilte Ju 88A-4 im Mai 1943. Bei der Abgabe von Einsatzflugzeugen an Flugzeugführerschulen werden die Verbandskennzeichen überstrichen, statt dessen erscheint das Stammkennzeichen wieder auf Rumpfseiten und Tragfläche.

Feldwebel Lorenz Aigner als Fluglehrer zum Umschulen auf die Ju 88. FFS (C) 8 Wiener-Neustadt, Juni 1941.

Ein anderer Ju 88-Lehrer der C-Schule Wiener-Neustadt, Uffz. Karl-Heinz Groth. Hier hat er einem Schüler das Steuer überlassen und beim Überlandflug das Navigieren übernommen.

Die Siebel Si 204A, seit 1941 als 10-sitziges Kurier- und Reiseflugzeug gebaut, gelangt in kleinen Stückzahlen auch bei den FFS als Instrumentenflug- und FT-Trainer zur Verwendung. In Kirchenlaibach b/Bayreuth zwischengelandete Si 204A der (C) 11 Zeltweg.

Mit einem Vollglas-Bug ist die Si 204D ein speziell für B2- und Bordfunkerausbildung entwickeltes Schulflugzeug. Normale Sitzverteilung: 1 Fluglehrer, 1 Flugschüler, 1 Funklehrer, 4 Funkschüler. Diese Siebel trägt das Zeichen der FFS B 20 Rosenborn/Zopten, Dezember 1943.

Eine Si 204D der (C) 14 Prag-Gbell im März 1943. Gut zu erkennen die Rippenhauben der zweiflügligen Argus-Verstell-Luftschrauben mit stufenlos regelbarer Drehzahl. Die beiden Triebwerke sind As 411 12-Zylinder von je 580 PS Startleistung.

Als Kurierflugzeug des Internationalen Roten Kreuzes fliegt die Si 204D-1, D-OWKA, am 27.4.1945 eine Delegation von Prag nach Dübendorf b/Zürich. Vom General der Fliegerausbildung wird Ende 1943 eine Anzahl Si 204 für solche Reise- und Verbindungsflüge freigegeben.

Aus italienischer Herstellung, dabei gezielt für B2- und Funkerausbildung bei der Luftwaffe entwickelt, die Caproni-Bergamaschi Ca 313G. Im April 1943 wird das erste Versuchsmuster CH+SA in Bergamo eingeflogen und an die Luftwaffe abgeliefert.

Unbestätigte Aussagen von Überführungspiloten beziffern die Gesamtzahl der von der Luftwaffe übernommen Ca 313G mit 64, davon 63 Flugzeuge während des Jahres 1944.

Fliegerhorst Schweinfurt im April 1944. Zu dieser Zeit ist auf dem Platz im Westen der Stadt die Flugzeugführerschule B 1 zu Hause. Eine Bildvergrößerung zeigt abgestellte Ju 52, He 111, W 34 und eine Go 244.

Flugfeld Kiliansdorf b/ Roth, eine Aufnahme vom 19. April 1945. Der Platz ist über die gesamte Fläche von Gräben durchzogen, eine Belegung ist nicht zu erkennen. Im Ostteil die Überroll-Fläche mit dem Fischgrätenmuster der Drainageleitungen.

Oettingen, nördlich von Nördlingen, ist der Arbeitsplatz der Kiliansdorfer Schule bis zur Auflösung der B 13. Am rechten Bildrand die kleine Ortschaft Heuberg. Luftbild vom Mai 1945.

Oberstlt. Dr. Dr. Gade als Kommandeur der FFS (C) 8 in Wiener-Neustadt mit einigen seiner Stamm-Fluglehrer:

Adolf van Kaick, nach schwerer Verwundung und Beinamputation 1941 zu seiner alten (C) 8 zurückbefohlen.

Heinz Ladberg in einer Do 17E mit dem Wappen der Schule, Juni 1941.

Die Fluglehrer (von links) Uffz. Faulner, Uffz. Hermann Peter, Fw. Sepp Wechsler, Mai 1940

5 f. Blindflugschulen

Kenntnisse zur Beherrschung der Hohen Schule des Fliegens, eine Voraussetzung für die Zuweisung eines Flugzeugführers zu einem Kampf-, Fernaufklärungs-, Nachtjagd- oder Seefliegerverband, werden Inhabern des ELF auf den Blindflugschulen vermittelt. Gezielt wird die Ausbildung im Blind- und Schlechtwetterflug erstmals bei der im April 1925 gegründeten DVS ins Lehrprogramm genommen. Unter verschiedenen Verschleierungsbezeichnungen werden seit 1933 entsprechend rein militärische Blindfluglehrgänge in die Aufstellungsplanung aufgenommen, die schließlich mit den Blindflugschulen Celle und Brandis zwei Grundzellen für weitere Ableger ausweist. Die Absolventen dieser beiden Schulen bilden zusammen mit kommandierten oder in die Luftwaffe übernommenen Lufthansa-Kapitänen das Lehrpersonal für Blindflugausbildung während der Kriegsjahre. Dabei bleiben die vor dem Krieg aufgestellen Ausbildungsrichtlinien, die Streckenflug, Durchstoßverfahren, ZZ-Anflüge, Fremd- und Eigenpeilung, Standliniennavigation etc. beinhalten, auch weiterhin Schwerpunkte der Schulung. Mit typenmäßig identischem Fluggerät wie bei den C-Schulen, allerdings mit zusätzlichen Navigationsgeräten, läuft so bis etwa Ende 1941 der Schulbetrieb bei diesen Blindflugschulen, bevor mit Übernahme von aus Frontverbänden rücklaufenden Einsatzmustern eine Spezialisierung auf bestimmte Flugzeugtypen und Verbandsgattungen einsetzt. Entsprechend gewandelter Einsatztaktiken werden gegen Kriegsende, bei rückläufiger Ausbildung auf C-Maschinen, schließlich die Bemühungen in Richtung Blindflug auf einmotorigen Flugzeugen verstärkt. Wie aus nachstehender Aufstellung ersichtlich, werden hierfür eigens drei zusätzliche Blindflugschulen (einmot.) in Betrieb genommen.
Parallel zu den A/B- und C-Schulen erhalten mit Unterstellungswechsel (1.10.1943) auch die bereits bestehenden Blindflugschulen nunmehr ebenfalls eine neue numerische Kennzeichnung (B 31 bis B 38).

Blindflugschule 1

Aufstellung am 1.10.1935 als Fliegerlehrgang 1 Brandis. Daneben läuft in Brandis ein Navigationslehrgang unter dem Decknamen „Fliegerlehrgang 2", der jedoch lt. Befehl vom 30.8.1937 nach Anklam verlegt, und dort in Navigationsschule Anklam umbenannt wird. Mit endgültiger Aufhebung der Verschleierungsbezeichnungen wird ab Oktober 1937 Zweckbetimmung und Standort offen geführt: Blindflugschule Brandis. Seit 1. Januar 1940 Blindflugschule 1 Brandis-Waldpolenz. Den ganzen Krieg über bleibt die Schule am gleichen Platz, führt dabei ab 15.10.1943 die Bezeichnung B 31. Hauptplatz Brandis, Arbeitsplatz Mörtitz b/Eilenburg.

Kdr.: Oberst Aue.

Blindflugschule 2

Aufstellung am 1.11.1938 als Blindflugschule Neuburg/Donau, dabei Teilübernahme von Personal und Gerät der Fliegerwaffenschule E Neuburg/Donau. Eine Verlegung nach Mühldorf/Inn scheitert wegen der dort unzulänglichen Platzverhältnisse. Dafür Umsetzen der Schule im November 1939 infolge der Kriegsereignisse nach Stargard/Pomm.; im Februar 1940 bereits wieder zurück nach Neuburg/Donau, nunmehr als Blindflugschule 2. Verbleib bis Mai 1942, dann Verlegung nach Brünn. Namensänderung am 15.10.1943 in B 32; Auslaufen in Brünn ab August 1944.

Kdr.: ?

Blindflugschule 3

Aufstellung im Dezember 1939 in Königsberg-Devau/Ostpr., mit Arbeitsplatz Grieslienen b/Allenstein. Im Juni 1941 wird zu Beginn des Rußlandfeldzuges der Platz für einen Frontverband freigemacht und nach Enzheim b/Straßburg verlegt. Im Oktober 1941 Rückkehr, nunmehr als Stationierungsort Grieslienen. Im Sommer 1942 (Mai?) Umsetzung nach Prag-Rusin, dort am 15.10.1943 neue Bezeichnung B 33. Schulbetrieb bis August 1944, danach Abgabe der Flugzeuge an andere Verbände.

Kdr.: Oberstltn. Babekuhl, Maj. Liehr, Oberst Marienfeld.

Blindflugschule 4

Aufstellung im Dezember 1940 in Wien-Aspern. Verlegt im April 1941 nach Kopenhagen-Kastrup und bildet dort vornehmlich Transport-Flugzeugführer aus. Seit 15.10.1943 unter B 34 geführt; Ausbildungsflüge bis Oktober 1944.

Kdr.: Maj. Helm, Oberstltn. Hermann Ritter v. Lechner.

Blindflugschule 5

Aufstellung im Dezember 1939 in Rahmel/nördl. Danzig. Hauptplatz Rahmel-Putzig, Arbeitsplatz Marienburg/Ostpr.. Im Juni 1940 Verlegung nach Stargard/Pomm.. Erneuter Standortwechsel im August 1941 nach Belgrad-Semlin mit Spezialausbildung von Nachtjagd-Besatzungen. Verbleib bis Oktober 1943. Bei gleichzeitiger

Umbenennung in B 35 für zwei Monate nach Mielec/Polen verlegt, im Dezember 1943 endgültig nach Hagenow/Mecklenburg. Auslaufen des Schulbetriebes im August 1944.

Kdr.: Maj. Zeidler, Oberstltn. Babekuhl, Maj. Siedke, Maj. Schreiner.

Blindflugschule 6

In Celle-Wietzenbruch am 20.4.1934 als reine C-Schule aufgestellt. Erster Blindfluglehrgang in Celle ab 15.4.1935 (Leiter Hptm. Petersen), daneben weiterhin C-Lehrgänge. Im Juni 1936 Umwandlung in eine offen firmierende Blindflugschule Celle. Verlegung am 1.4.1937 nach Wesendorf/östl. Celle. Anfang 1940 als Blindflugschule 6 nach Radom/südl. Warschau; wird dort in Blindflugschule 7 umbenannt.

Aufstellung einer neuen Blindflugschule 6 im Sommer (Juni ?) 1941 am alten Standort Wesendorf und Übernahme von Spezial-Blindflugausbildung für Fernkampf-Besatzungen ab Ende 1942. Seit 15.10.1943 als Blindflugschule 36 bezeichnet. Ausbildungsbetrieb bis Oktober 1944.

Kdr.: ?

Blindflugschule 7

Aufstellung im Dezember 1939 in Insterburg/Ostpr.. Verlegung nach Radom/Polen und teilweise Übernahme von Personal und Gerät der dortigen Blindflugschule 6 im Sommer 1941. Am 15.10.1943 neue Bezeichnung B 37 Radom, dabei Schwerpunktschulung von Besatzungen für Kampfverbände. Entsprechend der damaligen Frontlage im Juli 1944 Rückverlegung ins Reichsgebiet, nach Braunschweig-Waggum. Dort wird Schulung bis November 1944 durchgeführt.

Kdr.: Maj. Babekuhl, Oberst Witt, Maj. Schmidt, Oberst Marienfeld.

Blindflugschule 8

Nach Verlegung der Blindflugschule 5 nach Belgrad-Semlin, Neuaufstellung der Blindflugschule 8 in Stargard, mit Schwergewicht Transporter-Ausbildung. Im Frühjahr 1943 (März ?) verlegt die Schule nach Terespol b/Brest-Litowsk, dort jedoch nur eingeschränkter Flugbetrieb. Zusammen mit der Verlegung nach Seerappen/Ostpr. fällt die Umbenennung in B 38 (15.10.1943). Intensivierung der Ausbildung durch vermehrte Zuführung von Fluggerät. Mit Näherrücken der Ostfront Rückverlegung nach Gabbert/Pomm. und schrittweise Abgabe von Flugzeugen und Platzgerät. Die erneute Verlegung nach Langensalza/Thür., im Dezember 1944, führt faktisch nur noch der Stab der B 38 durch.

Kdr.: Maj. (Oberstltn.) Kuhn.

Blindflugschule 9

Wegen Abgabe von Lehrbesatzungen für Transporteinsätze im Stadium der Aufstellung stecken geblieben. Nachweisbar von Juni 1943 – September 1943 in Kauen (Kaunas)/Litauen.

Kdr.: ?

Blindflugschule 10

Aus Umwandlung der A/B 33 Altenburg/Thür. im Mai 1943 entstanden. Aufgabenstellung: Blindflugschulung auf Einmot-Jagdflugzeugen „Wilde Sau". Hauptplatz Altenburg, Arbeitsplatz Pomßen b/Grimma (Sachsen). Am 15.10.1943 umbenannt in JG 110 und bis nahezu Kriegsende Einmot-Schulung.

Kdr.: Oberstltn. Gerstenberg, Hptm. Falderbaum.

Blindflugschule 11

Die in Stubendorf stationierte A/B 110 erhält im Juli 1943 die neue Bezeichnung Blindflugschule 11, dazu einen modernisierten Flugzeugpark zur Ausbildung von ein- und zweimot-Nachtschlacht-Besatzungen. Stubendorf bleibt Liegeplatz bis Ende 1944; zu dieser Zeit läuft der Schulbetrieb aus. Am 15.10.1943 wird die Blindflugschule 11 in SG 111 umbenannt.

Kdr.: Maj. Kraus, Maj. Zahn, Maj. Heinz Müller.

JG 112

Trotz der JG-Namensgebung handelt es sich hier um eine Blindflugschule (einmot.), die seit August 1944 in Landau/Isar (Ganacker) eine Umschulung von Flugzeugführern früherer Kampfverbände auf einmotorige Jagdflugzeuge betreibt. Der Zeitpunkt der Auflösung dieser Einheit war nicht in Erfahrung zu bringen.

Kdr.: ?

Blindflugschule Schleswig

Auf Land- und Seeflugzeugen erhalten Besatzungen der Seeflieger-Verbände auf dieser seit Mitte 1938 bestehenden Blindflugschule ihre entsprechende Qualifikation. Die Schule ist ab Oktober 1939 nicht mehr nachweisbar. Wahrscheinlich ist die Ausbildung seit diesem Zeitpunkt von den größeren, zwischenzeitlich voll angelaufenen Schulen übernommen worden.

Kdr.: Hptm. v. Glasow.

31. 1. 1940

29. 3. 1939

3. 4. 1944

Blindflug-„Trockenkurs“ mit dem Kompaßkasten, scherzhaft auch „Kuh-“ oder „Ochsenkopf“ genannt. Der rundum geschlossene Kasten enthält neben Kompaß und Uhr meist auch einen Batterie-Empfänger und Kehlkopfmikrophon um während des „Kuhkopf-Laufens“ befohlene Kurswechsel vornehmen zu können, d. h. einen neuen Kontrollpunkt anzusteuern. Der K.K. findet als einfaches Übungsgerät schon bei den A/B-Schulen Verwendung.

Instrumentenflugtraining auf B2-Flugzeug Ar 66c. Der vordere (Schüler-) Sitz kann während des Fluges mit einer Jalousie abgedeckt werden, so daß Sichtflug ausgeschlossen ist. Bei solcher Art der Ausbildung ist Sprechkontakt (EiV) zwischen Lehrer und Schüler notwendig.

Nachgerüstete Go 145A, CU+BL, bei der Blindflugschule 10 in Altenburg/Thür.. Für „Wilde Sau“-Ausbildung auf einsitzige Jagdflugzeuge erhält der hintere Sitz der Go 145 eine Klapphaube mit seitlichen Verdunkelungs-Gardinen; der Schüler ist damit auf die Instrumente angewiesen. Auch hier ist eine Eigenverständigungs-Anlage Voraussetzung.

Die Ju 52 ist Standard-Baumuster bei den Blindflugschulen. Ein Schüler der Bl.Fl.Sch. 4 Kopenhagen-Kastrup hat der BD+OH bei einer ZZ-Landung mit starkem Seitenwind die linke Fahrwerkhälfte abgeschert. Oktober 1942.

Diese unscharfe Aufnahme zeigt die vorschriftsmäßige Kennzeichnung von Flugzeugen für Blindflugausbildung: zwei schmale gelbe Rumpfbänder! Auf den mit hellem Anstrich versehenen Schulflugzeugen der Vorkriegsjahre waren diese Bänder in ziegelroter Farbe gehalten. DD+FV der Blindflugschule 3, Straßburg-Enzheim, Juli 1941

Zwar keine Vorschrift, jedoch zusätzlicher Hinweis durch zwei gelbe Bänder auf der Tragfläche: Achtung, hier wird blind geflogen! Sommer 1942, Kopenhagen-Kastrup.

Auf der Verkleidung des Backbord-Motors einer Ju 52 das Zeichen der Blindflugschule 5. Die Küstenlinie des Putziger Wiek (Danziger Bucht) weist auf Rahmel, den Stationierungsort dieser Schule hin. Sie verlegt im Juni 1940 nach Stargard, behält aber das alte Zeichen bei.

Die Blindekuh der Blindflugschule 4 Kopenhagen-Kastrup auf einer Ju 88A-5, Mai 1942.

Innenraum einer Blindflug-Ju. Der Bordfunker links macht sich am Peilgerätesatz zu schaffen. Im Vordergrund Fluglehrer Oblt. Schmitt. Königsberg-Devau, Oktober 1940.

Zeitweise erhalten Besatzungen von Fernkampf-Geschwadern bei der Blindflugschule 6 Wesendorf eine Spezialausbildung auf He 111, Ju 290 und Fw 200. Von den üblichen Kommandierungen zu Transporteinsätzen bei den Kampfgruppen zbV. bleiben auch diese Sonder-Lehrgänge nicht verschont. Fw 200C-3, SG+KH, kehrt nach einer solchen Abstellung vom östlichen Kriegsschauplatz zurück.

Zur Umschulung ehemaliger Kampfflieger auf Blindflug-einmot. finden beim JG 112 in Ganacker b/Landau (Isar) Speziallehrgänge statt. Auf Ar 66, Go 145 und Zweisitzern Bf 109G-12 läuft die Ausbildung bis ins Frühjahr 1945 hinein.

6. Schlußbetrachtung

Die in dieser Publikation aufgeführten Dienststellen sind als reine Ausbildungszentren für Flugzeugführer anzusehen und unterstehen in dieser Funktion bei Kriegsbeginn dem Chef des Ausbildungswesens (Chef A.W.). Zur spezifischen Weiterbildung gehören diesem Ressort noch eine ganze Reihe anderer Ausbildungsstellen an, die jedoch eine abgeschlossene fliegerische Ausbildung voraussetzen. In diese Kategorie sind beispielsweise einzuordnen: Navigationsschule Strausberg, Zielfinderschule Greifswald, Verbandsführerschulen, die Lehrgruppen für Nachtflugausbildung etc., vor allem jedoch die Fliegerwaffenschulen verschiedener Verbandsgattungen.

Eine Mithineinnahme solcher fortbildenden Lehrgruppen und Schulen in ein Buch über fliegerische Ausbildung war aus Platzgründen nicht möglich, hätte auch die Grenzen zwischen Grund- und Spezialausbildung verwischt. Ihnen soll deshalb eine eigene Dokumentation gewidmet werden.

Zumindest Erwähnung finden müssen hier jedoch noch solche Ausbildungsstellen, die als unmittelbare Vorstufen des Lastensegler-Lehrbetriebs junge Segelflieger der Flieger-HJ und der Luftwaffe für solche „Fliegerschulen (S) der Luftwaffe“ vorbildeten.

Hierzu sind zu zählen:

Segelfliegerschule der Luftwaffe	Königsberg-Neuhausen
Segelfliegerschule der Luftwaffe	Gelnhausen
Segelfliegerschule der Luftwaffe	Langendiebach
Segelfliegerschule der Luftwaffe	Berlin-Gatow
Segelfliegerschule der Luftwaffe	Trebbin
Segelfliegerschule der Luftwaffe	Brünn
Segelfliegerschule der Luftwaffe	Tschenstochau

Sie werden schließlich in Segelflug-Ausbildungsstellen umbenannt. Die Luftwaffen-Segelfluggruppen der einzelnen Fliegerhorstkommandanturen dienen dagegen dem rein sportlichen Segelflug, also der Erlangung der einzelnen Segelflug-Scheine und sind nicht mit diesen Segelfliegerschulen zu verwechseln.

Abschließend ist festzustellen, daß die Flugzeugführerschulen der verschiedenen Kategorien trotz starker Inanspruchnahme, sprich Abgaben und Kommandierungen an Frontverbände, basierend auf einem gut ausgebildeten und verantwortungsbewußten Fluglehrerkorps, bis Ende des Jahres 1943 an die fliegenden Verbänden einen brauchbaren fliegerischen Nachwuchs abgeben konnten. Die Entwicklung ab 1944 stand dagegen unter dem unglückseligen Stern von Schnellkursen und Improvisationen, weitgehend bedingt durch ungenügende Treibstoffzuteilungen für den Bereich General der Fliegerausbildung. Sie führte zu mangelhaft geschulten und dem personellen Standard der Gegner nicht mehr ebenbürtigen Nachwuchs-Flugzeugführern. Die erschreckenden Verlustzahlen ab Mitte 1944 sprechen hier eine mehr als deutliche Sprache und widerlegen die propagandistischen Bemühungen einer den unaufhaltsamen Niedergang vor Augen sehenden Reichsregierung.

20. 9. 1942

7. 5. 1944

Die Luftwaffe motor- und lautlos! Vorbereitender Segelflugkurs auf SG 38. Auf dem Arbeitsplatz Sbraslawitz schulen die Neuzugänge der A/B 32 Pardubitz, September 1943.

Das Grunau „Baby II“ als Übungseinsitzer. Die Segelfluggruppe der Luftwaffe in Danzig-Langfuhr fliegt sehr traditionsbewußt noch im Frühjahr 1941 ein „Baby“ mit Danziger Nationalitätszeichen.

„Nur der Ordnung halber“ zeigt die Backbordseite des Ruders die deutsche Reichsflagge. Man stellt fest: möglich ist alles!

Dem „Baby“ zum Verwechseln ähnlich: die Göppingen Gö 5 (Hütter 17) des Schempp-Hirth Flugzeugbau. Als Luftwaffen-Segelfluggruppe hier die vorgeschriebene WL-Kennung, gefolgt von der Nummer des Luftgaues – in diesem Fall VII (München). Neubiberg, Sommer 1941.

„Baby II“ mit Flugschüler Gerhard Kästner, bei der FFS A 125 Neukuhren im Luftgau I Königsberg. Lyck/Ostpr., Juli 1943.

Segelflugzeug der A 125 auch in Lobellen b/Ragnit (Ostpr.). Die seit 25.6.1943 eingeführte Kennzeichnung (4 Buchstaben) auf den meisten der Flugzeuge. Im Vordergrund einsam und verirrt, ein vom Luftgau III (Berlin) abgegebenes „Baby“.

Selbst Segelflugzeuge erhalten während der letzten Kriegsmonate einen dem Abstellplatz angepaßten Tarnanstrich. Das Bild dieses Grunau „Baby" wird im März 1945 in Trebbin aufgenommen.

Schleppwinde auf dem Fliegerhorst Liegnitz im Luftgau IV, Dresden. Geschult wird das ganze Jahr über, auch auf verschneitem Platz; Februar 1942.

Jede Luftwaffen-Segelfluggruppe hat in der Regel neben ein oder zwei Schleppwinden auch ein mehr oder weniger klappriges Schleppflugzeug in der Halle. Der Werknummer 327, einem He 72 „Kadett", sieht man die überstandenen Stürme an. Liegnitz, Mai 1943.

Weite Verbreitung findet bei den Segelfluggruppen die französische MS 230 als Schleppmaschine. Trotz hoffnungsloser Ersatzteillage fällt den Mechanikern immer etwas ein, um diese „Kisten" am Fliegen zu halten. BD+IA in Karlsbad, November 1941.

Schul-Zweisitzer DFS „Kranich“ des Luftgau XVII, Wien. In Langenlebarn absolviert das Personal der LKS 7 Tulln die Starts zur Erlangung der Segelflugscheine. Der „Kranich“ liegt mit einer Gleitzahl von 1:23 in der Klasse der Leistungssegelflugzeuge.

Für Einweisung auf DFS 230 stehen der Fliegerschule der Luftwaffe (S) 2 Posen einige DFS „Kranich“ zur Verfügung. Bereits im September 1942 erhalten diese Segelflugzeuge einen Sichtschutzanstrich.

Oben: Gfr. Otto Wünsch, ein segelflugbesessener Techniker der Werftabteilung in Liegnitz, mit einer DFS „Olympia-Meise“, WL-IV-62, Februar 1942. Die „Meise“, eine Konstruktion von Hans Jacobs, war als Wettbewerbsflugzeug für die Olympiade 1940 vorgesehen.

Mitte: Durch das Aussetzen von Segelflug-Wettbewerben für die Dauer des Krieges stehen den LW-Gruppen auch solche Hochleistungs-Segelflugzeuge wie die Jacobs-Schweyer „Weihe“ zur Verfügung. Ehrfurchtsvoll besieht sich Oblt. Popp (A 125, Neukuhren) das ihm anvertraute Prachtstück.

Unten: Eine „Weihe“ der LKS 4 Fürstenfeldbruck auf dem Segelflugübungsgelände Holzkirchen, März 1943, WL-VII-180.

Auf einem Randstreifen des Fliegerhorstes Neubiberg ein Hochleistungssegler Gö 3 „Minimoa“ der dortigen Luftwaffen-Segelfluggruppe, Sommer 1941.

Vor seiner Versetzung zum LLG 1, wo mit Ar 65 und Avia B 534 Lastensegler DFS 230 zur Einkesselung von Partisanengruppen abgesetzt werden, ist Uffz. Hans Wilhelm (rechts) als Schlepp-Pilot bei verschiedenen Fliegerschulen (S) tätig. Auf dieser Aufnahme mit einer Fw 44, NC+NS, bei der Fl.Sch.d.LW.(S) 1, Ausbildungskommando Eschborn b/Frankfurt-Main, August 1941.

Kommandierte Schleppmaschine der A/B 5 Seerappen bei der Schleppschule Königsberg-Neuhausen. Der Flugbetrieb wird als Luftwaffenlehrgang Rossitten auf dem dortigen Sandplatz durchgeführt. He 72, SE+MK, im Januar 1941.

Mittlerweile in Ergänzungsgruppe (S) 1 umbenannt, wird den künftigen Lastenseglerpiloten in Rossitten Gelegenheit geboten, sich mit allen möglichen Typen vertraut zu machen. Eine der wenigen Horten Ho III wird zum Schleppstart bereitgestellt, Mai 1942.

Anhang

I. Industrie-Großbunker „Weingut"

Der Abhängigkeit von Erdölimporten aus dem Ausland, zur Herstellung von Flugbenzin, wurde in Deutschland von Regierungsseite her schon zeitig begegnet, indem der Treibstoff-Gewinnung aus Braunkohle eine besondere Bedeutung beigemessen wurde. Es entstanden so vor und während der Kriegsjahre die bekannten Großanlagen in Leuna, Boehlen b/Leipzig, Bottrop-Boy, Meerbeck, Lützkendorf b/Halle, Misburg b/Hannover.
Ähnlich zeitig wurde jedoch auch erkannt, daß die Gefährdung solcher großflächiger Hydrierwerke durch gegnerische Luftangriffe entsprechende Maßnahmen zur Dezentralisierung und Tarnung dieses Produktionszweiges forderte.
Schon seit 1940 laufen Überlegungen, kleinere Anlagen zu bauen, in Waldgebiete zu verlagern oder damit gar unter die Erde zu gehen. Solche Projekte bleiben jedoch für lange Zeit in den Schubladen, bis der verschärfte Luftkrieg ab 1943 vehement daran erinnert, konkrete Planungen in Angriff zu nehmen. Zu spät, wie es sich zeigen sollte, und mit der Folge, daß die Luftwaffe sowohl mit ihren fliegenden Front-Verbänden als auch bei der Nachwuchs-Schulung der Haupt-Leidtragende dieser Planungsverzögerungen blieb.
Noch bevor im Mai 1944 das Rüstungs-Ministerium der Oganisation Geilenberg eine generelle Planungsvollmacht zur Neuordnung der Treibstoffindustrie erteilt, werden zwei Großprojekte zur Produktion von Flugbenzin in unterirdischen Anlagen, unter dem Decknamen „Kuckuck", in Angriff genommen.
"Kuckuck I" sieht die Unterbringung einer Produktionsstätte zur Herstellung von hochoktanigem Benzin nach dem Bergius-Verfahren in Stollen des Gips-Bergwerkes Niedersachswerfen b/Nordhausen vor. Dort hat zu dieser Zeit bereits die Erweiterung der Stollenanlage begonnen, um die V1- und V2-Produktion („Mittelwerk") und den Bau von Junkers TL 004- und Jumo 213-Triebwerken („Nordwerk") aufzunehmen. Für „Kuckuck I" (auch Projekt B 11) wird im Südteil des Kohstein-Massives mit dem Bau eines neuen Stollensystems begonnen.
„Kuckuck II" soll zusammen mit einem Herstellerbetrieb für Me 262 einen Großbunker mit der Projektbezeichnung „Weingut" beziehen und ausschließlich für Treibstoffversorgung im Aufgabenbereich General der Fliegerausbildung zuständig sein. Der Großbunker mit Tunnelquerschnitt ist ausgelegt für eine Spannweite von 67,10 m und eine Höhe von 41,20 m. Die Gesamtlänge beträgt 366,00 Meter, Stärke der Deckenschale im Scheitel 4,90 m. Als Standort der Anlage wird der Mühldorfer Hart, ein Waldgebiet etwa 4 km westlich der Stadt Mühldorf/Inn gewählt.
Die Abwicklung der Baumaßnahme geschieht dabei absolut unkonventionell. Um eine materialintensive Einschalung der gewölbten Betondecke zu sparen, wird der Querschnitt des Innenraumes aus dem anstehenden Erdreich herausgearbeitet, so daß die Negativform des Baukörpers wie ein Brotlaib in der Landschaft liegt. Nach Abdeckung des Erdreiches mit einer Magerbetonschicht wird mit den Armierungs- und Betonarbeiten begonnen. Nach Erhärten und Abbinden des Stahlbetongusses schafft man das Erdreich mittels Frontladern und Feldbahn-Loren unter der Betonschale heraus, legt somit den Innenraum frei. Die anfallenden Erdmassen werden in der Nähe der Baustelle gelagert, um nach Isolierung der Betonaußenfläche darauf gepackt, und bepflanzt, einen zusätzlichen Bombenschutz zu bieten.
Noch während die Betonierarbeiten etappenweise voranschreiten, hat jedoch die Geilenberg-Organisation ihr Gesamtprogramm (Mai/Juni 1944) erstellt, und es bei nur einem „Kuckuck"-Betrieb, dem in Niedersachswerfen belassen, dabei anstelle der Mühldorfer Produktionsstätte auf Untertagebaustollen, sogenannte „Schwalbe"-Anlagen umgestellt.
Nach dieser Planänderung wird festgelegt: Fertigung Me 262 erfolgt im geplanten Großbunker „Weingut II" (Kaufering b/Landsberg), „Kuckuck II" wird gestrichen.
Neue Verwendung von „Weingut"/Mühldorf: östlicher Bunkerteil für Buna-Werk „Eckstein" (Chemische Werke Marl-Hüls); mittleres Teilstück für Ammoniak-Produktion; westliches Bunkerdrittel für Reifenherstellung (Continental).

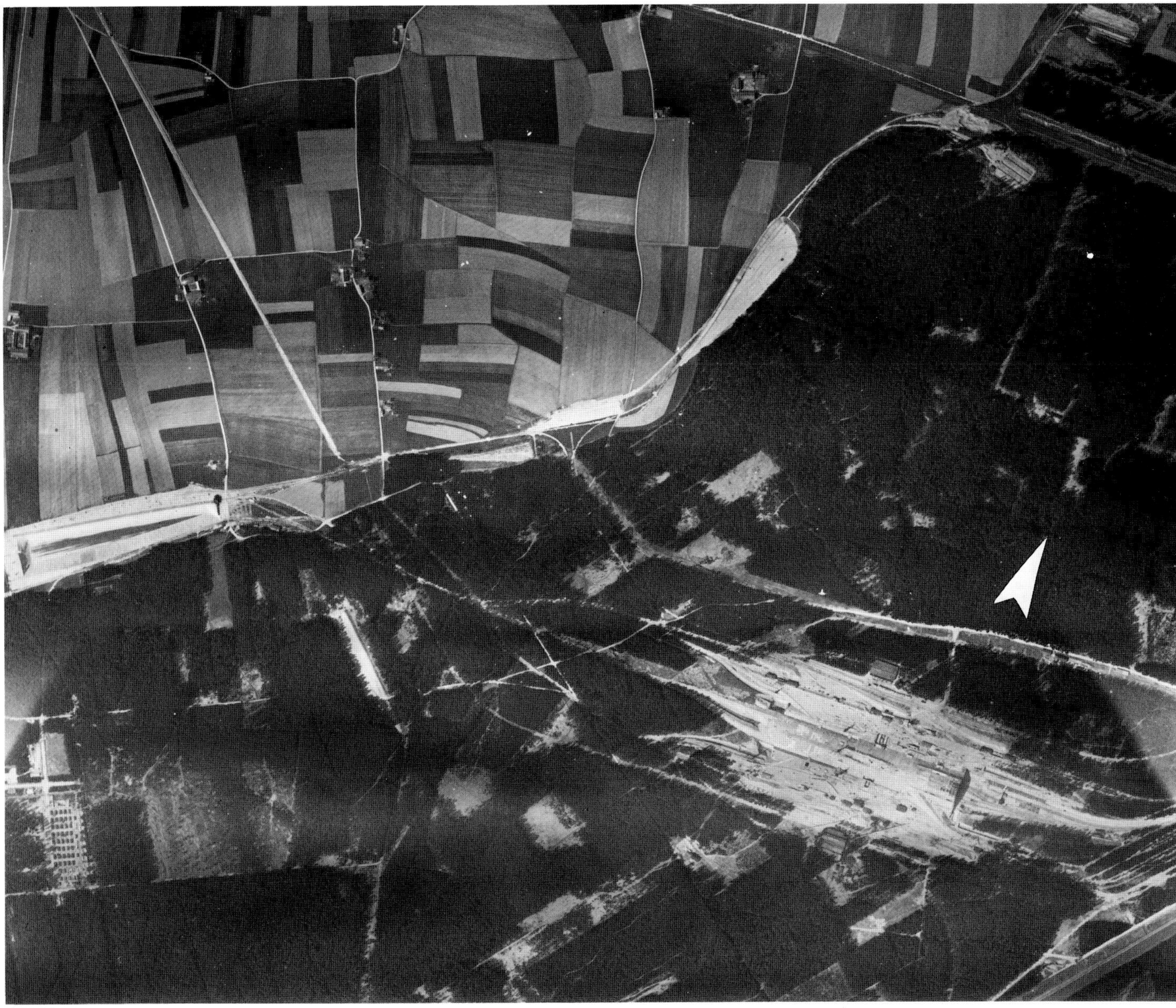

Bei Kriegsende ist die Betonschale von „Weingut“ auf eine Länge von etwa 190 Meter fertiggestellt, Zwischendecken sind noch keine eingezogen. „Kuckuck I“ Niedersachswerfen ist zu 60 % fertig, während „Weingut II“ Kaufering bei ungefähr 20 % Baufortschritt eingestellt wird.
Das Luftbild der Großbaustelle Mühldorfer Hart vom 17. April 1945 zeigt das zur Hälfte betonierte Schalendach, den Schattenwurf der östlichen Stirnseite, das Gleisnetz der Feldbahnen sowie am linken und oberen Bildrand Halden mit ausgeräumtem und zur weiteren Verwendung gelagertem Erdreich. Im Februar/März 1944 mit den Bauarbeiten begonnen, sollte das Anlaufen der Betriebe im Herbst 1945 erfolgen.

II. Flugzeugklassen (Stand August 1937)

Klasse	Personen-zahl	Flug-gewicht (kg)	Lande-strecke (m)	Motoren-zahl	Kenn-zeichen
A1	bis 2	bis 500	bis 300	1	D-Y...
A2	bis 3	bis 1000	bis 450	1	-E...
B1	bis 3	bis 2500	bis 450	1	-I...
B2	bis 6	bis 2500	über 450	1	-O...
C1	über 6	über 2500	über 450	1	-U...
C2	über 6	über 2500	über 450	mehrere	-A...

Die Klassifizierung eines Flugzeuges konnte nur aus den zivilen Kennzeichen (s. o.) herausgelesen werden. Militärische Kennungen, Stammkennzeichen und Verbandskennzeichen boten keinerlei Anhaltspunkte für eine Zuordnung nach Flugzeugklassen.

III. Abkürzungen

a.D.	außer Dienst
Akaflieg	Akademische Fliegergruppe
Alb.	Albatros Flugzeugwerke GmbH
AOK	Armee-Oberkommando
Ar.	Arado Flugzeugwerke GmbH
Arb.Pl.	Arbeitsplatz
A.W.	Ausbildungswesen
B	Beobachter
Bf	Bayerische Flugzeugwerke
BFW	Bayerische Flugzeugwerke
BF	Bordfunker
BM	Bordmechaniker
BS	Bordschütze
Btl.	Bataillon
Bü	Bücker Flugzeugbau GmbH
DFS	Deutsches Forschungsinstitut für Segelflug
DLH	Deutsche Lufthansa AG
DLV	Deutscher Luftsportverband (Luftfahrtverband)
Do	Dornier-Werke GmbH
DVL	Deutsche Versuchsanstalt für Luftfahrt e.V.
DVS	Deutsche Verkehrsfliegerschule GmbH
EL	Eichenlaub zum Ritterkreuz
ELF	Erweiterter Luftwaffen-Flugzeugführerschein
Erg.	Ergänzung
F	Flugzeugführer
(F)	Fernaufklärung
FAR	Flieger-Ausbildungsregiment
Feldm.	Feldmarschall
FFS	Flugzeugführerschule
Fhj.	Fahnenjunker
Fhr.	Fähnrich
Fi	Gerhard Fieseler-Werke GmbH
Fl.	Flieger
Flea	Flieger-Ersatz-Abteilung
Fl.Üb.St.	Flieger-Übungsstelle
Fw	Focke-Wulf Flugzeugbau AG
Fw.	Feldwebel
G	Geschwader
Gefr.	Gefreiter
Gen.	General
Go	Gothaer Waggonfabrik
Gr.	Gruppe
(H)	Nah-(Heeres)Aufklärung
HD	Heinkel-Doppeldecker
He	Ernst Heinkel Flugzeugwerke GmbH
Hptm.	Hauptmann
Hs	Henschel Flugzeugwerke AG
Ilük	Interalliierte Luftfahrt-Überwachungskommission
Insp.	Inspektion, Inspektor
JG	Jagdgeschwader
Ju	Junkers Flugzeugwerke AG
Jumo	Junkers Motorenwerke AG
Kdo.d.Sch.	Kommando der Schulen
Kdore.	Kommodore
Kdr.	Kommandeur
KG	Kampfgeschwader
Kl	Klemm-Flugzeugbau GmbH
Kp.	Kompanie
Kptn.	Kapitän
Kptltn.	Kapitänleutnant
Korv.Kptn.	Korvettenkapitän
KTB	Kriegstagebuch
LA-Amt	Luftkommandoamt
LF	Luftwaffen-Flugzeugführerschein
Lfl.	Luftflotte
LKS	Luftkriegsschule
Ln.	Luftnachrichten
LS-Amt	Luftschutzamt
Ltn.	Leutnant
Maj.	Major
Me	Messerschmitt Flugzeugwerke AG

NJ	Nachtjagd
NS	Nachtschlacht
NSFK	Nationalsozialistisches Fliegerkorps
Ob.d.L.	Oberbefehlshaber der Luftwaffe
Oblt.	Oberleutnant
Ofw.	Oberfeldwebel
Ogefr.	Obergefreiter
Raka	Raab-Katzenstein Flugzeugwerke GmbH
R.f.M.S.	Reichsschule für Motorflugsport
RK	Ritterkreuz
RLM	Reichsluftfahrtministerium
RRG	Rhön-Rossitten-Gesellschaft e.V.
RVM	Reichsverkehrsministerium
RWM	Reichswehrministerium
(S)	Sonder-Fliegerschule
(S)	Segelflug
SA	Sturmabteilung
Sch.	Schule
(Schl)	Schlepp
Schw.	Schwerter zum Ritterkreuz
Severa	Seeflugzeug-Versuchs-Abteilung
SG	Schlachtgeschwader
Si	Siebel Flugzeugwerke KG
SS	Schutzstaffel
St.G.	Sturzkampf-Geschwader
St.Kptn.	Staffelkapitän
TG	Transportgeschwader
TO	Technischer Offizier
Uffz.	Unteroffizier
VEMAG	Vertikalmagazin
Wn	Wiener-Neustädter Flugzeugwerke
z.b.V.	zur besonderen Verwendung
ZG	Zerstörergeschwader
z.S.	zur See

IV. **Quellen** (veröffentlicht)

Bley	Deutsche Luft Hansa AG	1932
Bley	Deutschland zur Luft	1936
Bodlée	Die theoretische A2-Prüfung	1941
Deutsche Lufthansa AG	Die Blindflugschule	o.J.
Eichelbaum	Das Buch von der Luftwaffe	o.J.
Friedrich	Die Pioniere der Deutschen Fliegerei	1964
Geyer	Deutschlands Luftfahrt und Luftwaffe	1937
Hirth	Handbuch des Segelfliegens	1942
Holm	Handbuch für den Flugzeugbau	1930
I.G. Deutsche Luftfahrt	Aviaticus	1931
Kehrberg	Das NS-Fliegerkorps	1942
v. Langsdorff	Fortschritte der Luftfahrt	1929/30
v. Langsdorff	Jahrbuch der Luftfahrt	1931/32
NSFK	Luftfahrtkunde	1943
Orlovius-Schulz	Die Deutsche Luftfahrt	1936/1938/ 1940
RDLI	Firmen-Bauprogramme	1938
Sönnichsen	Die Luftfahrt-Navigation	1940
Sönnichsen	Das Flugzeug	1941
Tessin	Formationsgeschichte der Wehrmacht	1959
Thomsen	Der Flugzeugführer	1940
Tschoeltsch	Der Dienstunterricht in der Luftwaffe	1938/1941/ 1943
Urbanek	Fliegerhorst Ostmark	1941
Völker	Dokumente zur Geschichte der Deutschen Luftwaffe	1968
Wentscher	Deutsche Luftfahrt	1925
v. Westarp	Taschenkalender für die Luftwaffe	1942
Zuerl	Pour le mérite-Flieger	1938

V. Typenregister

Alfred Himmel
Tulpenstraße 39
85247 Schwabhausen
Tel. 08138 / 87 54